FLEAT – Vom Unternehmen zur agilen Flotte

Bibliografische Information der Deutschen Nationalbibliothek

Die Deutsche Nationalbibliothek verzeichnet diese Publikation in der Deutschen Nationalbibliografie; detaillierte bibliografische Daten sind im Internet über http://dnb.dnb.de abrufbar.

Print-Buch	ePDF	ePUB:
Bestellnummer: 10384-0001	Bestellnummer: 10384-0150	Bestellnummer: 10384-0100
ISBN: 978-3-648-13529-7	ISBN: 978-3-648-13531-0	ISBN: 978-3-648-13530-3

FLEAT — Vom Unternehmen zur agilen Flotte
Thorsten Schaar, Uwe Habicher (Hrsg.)
Autoren: Hermann Arnold, Michael Bursik, Uwe Habicher, Basti Koch, Marcus Meyer, Christoph Pause, Thorsten Schaar, Franziska Semer
1. Auflage
Freiburg im Breisgau, 2019
Umschlag und Illustrationen: Basti Koch, Uwe Habicher
Lektorat: Frank Richarz
Satz: Julien Taquet
Schriften: Azo Sans, Montserrat, Sabon Next Regular

Einleitung

Nelsons Flotte

„Something must be left to chance;
nothing is sure in a sea fight above all."

— *HORATIO NELSON*
VOR DER SCHLACHT VON TRAFALGAR

Am 21. Oktober 1805 stellte sich der britische Vizeadmiral Horatio Nelson in der Schlacht von Trafalgar mit 27 eigenen Schiffen einer Übermacht von 33 gegnerischen Schiffen. Nelson entschied die Schlacht mit einer mutigen Taktik für die Briten. Insgesamt versenkten seine Seeleute 22 der 33 gegnerischen Schiffe. Die Briten verloren kein einziges Boot und hatten weniger als ein Zehntel der Verluste zu beklagen.

Die traditionelle Taktik war, dass sich Flotten in gegenüberliegenden Linien bekämpften. Nur so konnte der Flottenkommandant seine Befehle durch Signale an alle Schiffe der Flotte direkt übermitteln. Stattdessen vertraute Nelson in das Können seiner Kapitäne und die Erfahrung seiner Seeleute. Er teilte seine Schiffe in zwei Geschwader auf, die mit dem Wind im 90-Gradwinkel auf die gegnerische Linie treffen und diese durchschneiden sollten. Er verzichtete damit bewusst auf ein zentrales Kommando. Die britischen Kapitäne hatte die Aufgabe sich an dieser Taktik zu orientieren und dabei selbstständig die richtigen Entscheidungen zu treffen (vgl. Witt, 2005).

Der berühmt gewordene „Nelson Touch“ gelang. Gegen zwölf Uhr durchbrachen die englischen Schiffe die feindliche Linie, vier Stunden später hatte Villeneuve 18 seiner Schiffe verloren, weitere sanken in einem folgenden Sturm (vgl. Stark, 2018).

Damit brach Nelson die klassische Ordnung von Seeschlachten auf. Die englische Flotte war schneller, flexibler und agierte überraschender als der Gegner. Nelsons Schiffe waren im besten Wortsinn agil – und damit überlegen.

Unternehmenskapitäne können viel von Nelson lernen. Ihre Unternehmen und die Menschen in den Unternehmen stehen vor gewaltigen Herausforderungen. Digitalisierung, Automatisierung und Globalisierung verändern Märkte schneller als je zuvor. Was gestern richtig war, ist heute veraltet und morgen falsch. Es reicht schon lange nicht mehr aus, schlank und effizient zu produzieren. Aus einem Verkäufermarkt ist längst ein Käufermarkt geworden, der sich immer stärker zu einem Markt der Bedürfnisse wandelt. Mehr denn je gilt es, wirklich nah am Kunden zu sein; schneller und früher als andere vorauszusehen, was Kunden suchen, um ihre Bedürfnisse zu befriedigen. Es geht um das richtige Gespür, Innovation und Geschwindigkeit.

Viele Geschäftsführer teilen dieselben Träume:

- Eine Organisation zu leiten, die schnell und eigenverantwortlich agiert;
- mit Menschen zusammenzuarbeiten, die Veränderungen bejahen und nah am Kunden sind;
- innovative Produkte herzustellen, die Kunden begeistern und nachhaltig binden;
- ein Unternehmen zu verantworten, das zukunftsfähig ist.

Sie teilen auch ähnliche Albträume:

- aufgerieben zu werden zwischen der digitalen Innovationsmacht USA und der immer innovativeren Produktionsmacht China;
- gefesselt zu sein in der eigenen Bürokratie;
- überholt zu werden von vielen kleinen, massiv finanzierten Startups.

Die Lösungen liegen schon lange auf dem Tisch: Agil, Scrum, Kanban, Pivotieren, 10x, Design Thinking, minimal vermarktbare Produkte (MVPs),

Schnellboote, Purpose, Experimente, Netzwerke, Ökosysteme, Horizonte und Quadranten. Einzig – es funktioniert nur im Kleinen und nur bei den üblichen Engagierten.

Beim Versuch, diese Lösungen auf die gesamte Organisation zu übertragen, bleiben Organisationen in **Zombie-Agilität**, **goldenen Käfigen**, **Silos** und **Lehmschichten** stecken. [siehe Kapitel „Überspringen der Kluft"]

Was fehlt sind Angebote,

- die funktionierende Einzellösungen richtig kombinieren,
- die konkrete Bilder vermitteln und leicht zugänglich sind,
- die Menschen ansprechen, mitnehmen und bewegen,
- die den persönlichen Nutzen erlebbar machen und dadurch Aktivitäten auslösen.

FLEAT ist unser Angebot.

FLEAT - Fluid Enterprise Agility Transformation

FLEAT ist ein englisches Abkürzungswort für *Fluid Enterprise Agility Transformation*. Der Begriff steht damit für den fließenden Wandel einer klassischen Organisation hin zu einem agilen Verbund eigenständig agierender Einheiten.

FLEAT ist Bildprache und Methode in einem. Es basiert auf der Erfahrung von vielen Jahrzehnten in der Führung von Unternehmen, der Anwendung agiler Konzepte, zahlreichen Experimenten in neuen Organisationsformen sowie den Erkenntnissen aus der Produktentwicklung – bei Haufe und unseren Kunden.

Geboren wurde FLEAT aus unserer kritischen Auseinandersetzung mit der weit verbreiteten Bildwelt von Schnellbooten und Tankern und dem fast zwangsläufigen Scheitern der Schnellboote. Unsere Beobachtung: Schnellboote erzeugen eine Konsum- und Erwartungshaltung. Einfach den Gashebel umlegen und mit viel PS und Ressourcenverschleiß ans Ziel kommen. Tanker symbolisieren zwar die häufig spürbare Schwerfälligkeit etablierter Unternehmen, doch sie werten all diejenigen ab, die mit ihrer harten Arbeit die Schnellboote finanzieren.

Schon alleine die Bilder zu ändern und von Flößen zu sprechen, statt von Schnellbooten, verändert das Verhalten der Mannschaft. Für ein Floß sammelt man schwimmfähiges Material, bindet es notdürftig zusammen und stürzt sich wagemutig den Wildbach hinab. Jeder auf dem Floß muss unter Einsatz aller seiner Fähigkeiten das Floß durch die Stromschnellen navigieren.

Anders als die traditionelle Vorstellung, ein Schnellboot in den Tanker zu integrieren, sobald es Fahrt aufgenommen hat, werden bei FLEAT aus *Flößen* im Erfolgsfall eigene, ausgewachsene *Kreuzfahrtschiffe*. Sie haben ein eigenes organisatorisches Betriebssystem entwickelt, das sie trotz ihrer Größe unvergleichlich beweglicher macht als ihre Vorgängermodelle. Sie werden nicht integriert, sondern ziehen im Laufe ihrer Reise Kunden und Mitarbeiter von anderen *Schiffen* der *Flotte* an.

Diese einfachen Bilder inspirierten uns so stark, dass sie uns noch viel weiter getragen haben. Daraus ist FLEAT entstanden, ein ganzheitliches Betriebssystem für die fließende Transformation vom Unternehmen zur agilen *Flotte*.

FLEAT umfasst Lösungen für die Organisation und Entwicklung einzelner *Boote* und der gesamten *Flotte*, für die Befähigung der Menschen in der Organisation und für die notwendige Infrastruktur.

VS
$
php
git

Überspringen der Kluft

„Don't be afraid to take a big step if one is indicated. You can't cross a chasm in two small jumps."

— *DAVID LLOYD GEORGE*

Beim Ausrollen agiler Konzepte auf die gesamte Organisation beobachten wir häufig das gleiche Problem. Was bei den üblichen Engagierten schnell überraschend gute Ergebnisse erzielt, funktioniert in der Breite nicht. Die Symptome fühlen sich jeweils ähnlich an:

Sitzungen heißen neuerdings „*Stand-ups*". Die Führungskraft schreibt Aufgabenlisten in „*Backlogs*", die sie in moderierten „*Task Pickings*" an die ausgewählten Personen überträgt. Meilensteine sind „*Epics*" mit fixen Terminen. Manöverkritik des Chefs heißt nun „*Sprint Review*". Dies bezeichnen wir als **„Zombie-Agilität"**. Die Agilität geistert untot durch das Unternehmen, weil sie nicht richtig eingeübt und gelebt wird. Der Zombie bewegt sich blutleer und isoliert von der übrigen Organisation.

Die Sage will es, dass ein niederländischer Kapitän bei schlechtem Wetter das Kap der Guten Hoffnung umschiffen wollte. Er schwor, notfalls bis zum Tag des jüngsten Gerichts zu segeln. Von da an waren er und seine Mannschaft dazu verflucht, mit einem Gespensterschiff auf dem Meer umherzuirren, ohne jemals in einen Hafen einlaufen oder die Erlösung finden zu können. Sein Schiff wurde von Schiffsfahrern oft bei schlechtem Wetter gesichtet und als „Fliegender Holländer" bezeichnet.

Veränderungen scheitern an den Verlustängsten der Leistungs- und Verantwortungsträger. Wohl verdiente Errungenschaften der Vergangenheit resultieren in Einfluss, Macht, Ansehen, Perspektiven und Komfort. Dies alles steht auf dem Spiel. Es gibt keinen rationalen Grund, warum diese Errungenschaften freiwillig aufgegeben werden sollten. Dieses Problem bezeichnen wir als „**Goldenen Käfig**".

Die neue Zeit erfordert dringend die Zusammenarbeit über Bereiche und Funktionen hinweg. Dennoch bindet die bekannte Heimat einer Organisationseinheit stärker als die agilen, bereichsübergreifenden Teams. In dieser heimatlichen Einheit spricht jeder die gleiche Sprache, verfolgt dieselben Ziele und teilt die gleichen Sichtweisen. Dies sind die **Silos**, die Geschwindigkeit und Agilität verhindern.

Veränderungsinitiativen von oben versickern in den zahlreichen Hierarchien. Unten kommt davon nicht viel an. Genauso versickern Verbesserungsvorschläge von unten. Oben kommt nicht viel davon an. Die Lehmschicht hat ihre eigene Agenda und verändert den Fluss von Informationen und Entscheidungen. Bei der Agilisierung von Unternehmen wirkt die Lehmschicht besonders bremsend. Sie befürchtet Kontrolle zu verlieren, auch weil sie weiterhin für die Ergebnisse verantwortlich gemacht wird. Veränderungen werden so erschwert oder gar unmöglich.

Wir haben nach den Ursachen geforscht und sind auf eine hilfreiche Erklärung gestoßen. Sie findet sich im Lebenszyklus der Verbreitung disruptiver Innovationen von Geoffrey Moore (2014). Er beschreibt darin den Unterschied von frühen Märkten und Märkten der Mehrheit. In frühen Märkten tummeln sich Innovatorinnen und frühe Anwender. Für sie ist es wichtiger, bei den neuesten Produkten dabei zu sein, als auf ein voll ausgereiftes Produkt zu warten. Die Mehrheit der Kunden jedoch sind Pragmatiker. Sie kaufen ein Produkt erst, wenn es keine Kompromisse und Anstrengungen erfordert und der Erfolg gesichert ist. Sie suchen ein hohes Komfortniveau. Anbieter müssen die Kluft vom frühen Markt zum Mehrheitsmarkt überspringen. Während dieses Sprungs ist man verletzlich, weil bestehende Kunden unzufrieden werden, neue Kunden noch nicht in Sicht sind, während die Investorinnen nervös den Geldhahn schon wieder zudrehen.

Unternehmensintern sind agile Konzepte bislang nur im „frühen Markt" erfolgreich. Kleine Einheiten, Innovatoren und frühe Anwenderinnen haben agile Methoden meist unter dem Radar der offiziellen Unternehmensorganisation eingeführt. Sie haben viel Herzblut und Engagement in die Umsetzung gesteckt und sich den Erfolg hart erarbeitet. Nun sollen diese Methoden auf das ganze Unternehmen ausgerollt werden. Die Mehrheit stöhnt unter schwer zugänglichen Konzepten, die Kompromisse und Aufwände abverlangen, ohne auf den ersten Blick besser zu funktionieren als der Status quo.

Es hilft nicht, sich über die Mehrheit zu beschweren und mehr Engagement zu fordern. Es ist notwendig, das Produkt so zugänglich zu machen, dass selbst Pragmatiker dieses komfortabel nutzen können.

Hier setzt FLEAT an, indem es agile Konzepte mehrheitsfähig macht. FLEAT bietet ein ansprechendes Benutzererlebnis und zudem Sicherheit, Übung und Anreize. Die Mehrheit der Mitarbeiter wird dann auf einzelne Boote gehen, wenn sich das Betriebssystem dort gefestigt hat und erste Erfolge am Markt sichtbar sind. Durch den Übertritt in eine neue, autonom organisierte Einheit sind sie offener, neue Verhaltensweisen anzunehmen. Es ist einfacher, sich an ein neues Umfeld anzupassen als sein Verhalten in einem bekannten Umfeld zu verändern.

Auf der Reise vom *Floß* zum *Kreuzfahrtschiff* verbessert sich das Betriebssystem laufend. Dieses wird nicht zu einem späteren Zeitpunkt durch die Integration in ein *Kreuzfahrtschiff* zerstört. Mit der Zeit und dem zunehmenden Erfolg der *Schiffe* wandern Teile der Organisation, inklusive Mitarbeiter, Kunden und Partner, von einem Betriebssystem zum nächsten, ohne dass man bestehende *Schiffe* umbauen oder Verhalten darauf verändern müsste.

Gleichzeitig verbessert sich mit jedem neuen *Floß* das initiale Betriebssystem, weil es auf den Erfahrungen früherer *Flöße* aufbauen kann. Es lernt nicht nur das einzelne Boot, sondern die gesamte *Flotte*. Alle Betriebssysteme der *Flotte* verbessern sich so kontinuierlich.

DIE ÜBLICHEN ENGAGIERTEN
Hier funktioniert Agilität im Unternehmen schon ganz gut
Innovatoren 2,5%
Frühe Anwender 13,5%
Menschen, die Neues ausprobieren

MEHRHEIT

Frühe Mehrheit
34%

Späte Mehrheit
34%

Nachzügler
16%

Menschen, die ein hohes
Komfortniveau erwarten

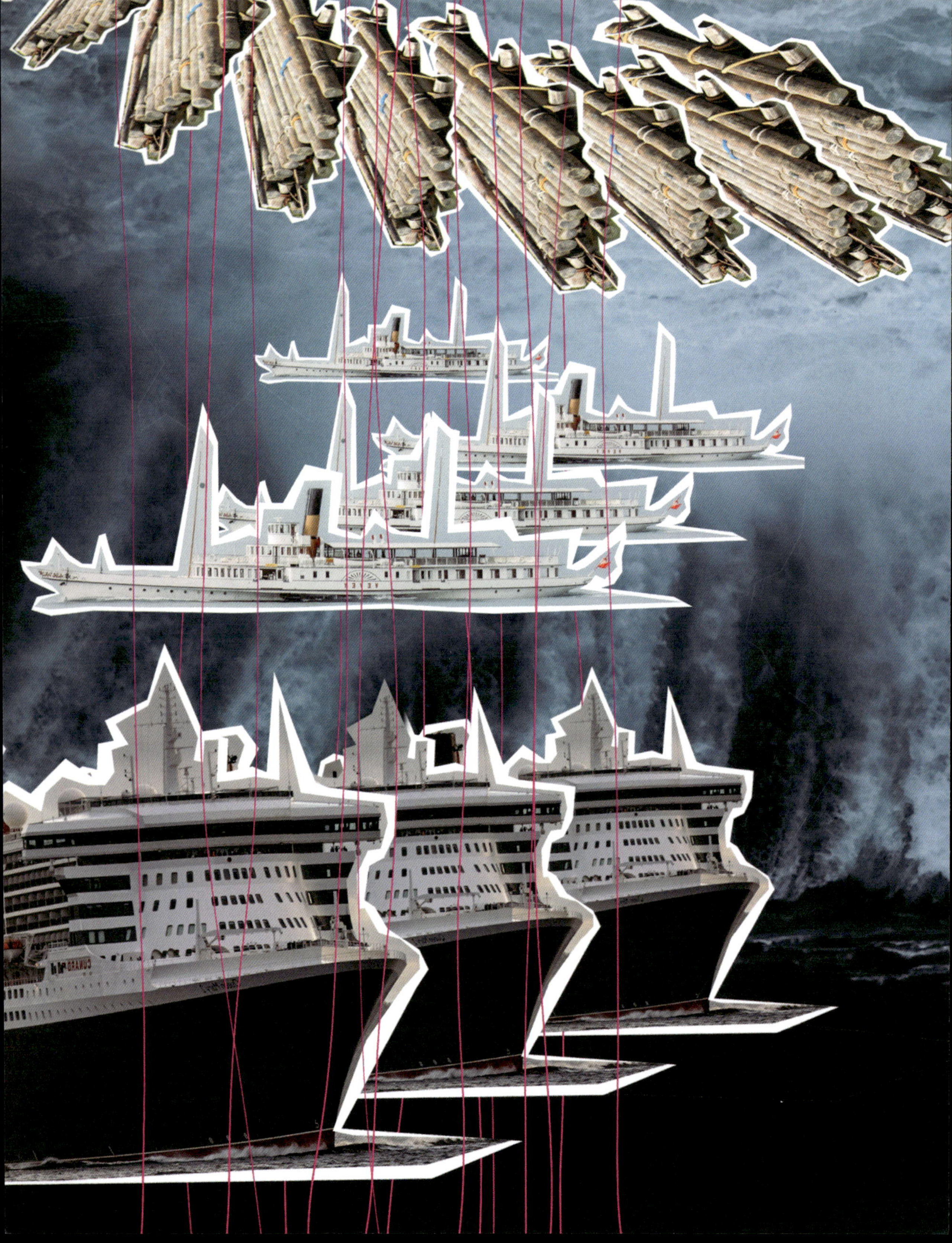

FLEAT-Modell

Was ist FLEAT?

„It's more fun to be a pirate than to join the navy."

— *STEVE JOBS*

Hierarchische, bürokratische Organisationsmodelle zeigen im heutigen Marktumfeld viele Schwächen. Eine große Stärke haben sie jedoch: Sie sind einfach. Als Mitarbeiter muss ich nur wissen, wer meine Chefin ist. Alles andere folgt daraus. Sie definiert meine Aufgaben, organisiert erforderliche Mittel, löst meine Konflikte, kümmert sich um mein Wohlbefinden und meine Entwicklung.

Agile Methoden lösen einige der Schwächen von Hierarchien. Sie ermöglichen Schnelligkeit, selbstbestimmtes Arbeiten sowie die Entwicklung kundenzentrierter Ergebnisse. Sie erscheinen auf den ersten Blick jedoch komplizierter und aufwendiger. Mitarbeiterin und Teams müssen Zeit investieren, um die Konzepte zu erlernen und einzuüben. Zudem müssen die neu erlernten Routinen und Methoden in den bestehenden Arbeitsalltag integriert werden. Es kostet Energie, gerade in Ausnahmesituationen, im agilen Modell zu bleiben und nicht in gewohnte Verhaltensmuster zurückzufallen. Es braucht Vertrauen, dass dieser Mehraufwand am Ende auch bessere Resultate erzielt. Agile Methoden erschließen sich nicht unmittelbar – und lösen wenig Fantasie und Vorstellungskraft aus. Deshalb legt FLEAT den Fokus auf ein einfaches und zugängliches Benutzererlebnis.

DER APFEL DES NEWTON

1987 begann Apple, einen der ersten digitalen persönlichen Assistenten zu entwickeln und brachte ihn 1993 als „Newton" auf den Markt. Außer einer Handvoll von Technologie-Enthusiasten konnte dieses Produkt niemanden überzeugen. Bereits im nächsten Jahr folgte ein anderer Pionier mit dem „Palm Pilot". Dieses Produkt konnte mehr Kunden gewinnen und verdrängte damit den Newton aus dem kleinen Markt der Enthusiasten. Es gab noch viele weitere Versuche, unter anderem von Nokia, Microsoft,

Blackberry, AT&T, Olivetti. Keiner dieser Versuche konnte die Kluft in die Mehrheit überspringen. Aber alle diese Fehlversuche waren notwendig, um als Branche zu lernen. 2007 brachte dann Apple das iPhone heraus, das schließlich den Sprung über die Kluft in die Mehrheit schaffte. Das zentrale Erfolgskriterium war: „Halte es einfach und schön“. In vielen Bereichen trennte sich Apple von üblichen Funktionalitäten und konzentrierte sich auf das Wesentliche. Und es entwickelte ein paar wenige Alleinstellungsmerkmale, die Benutzer begeisterten.

Die Bilderwelt der Boote

Boote sind ein schönes und für jeden zugängliches Bild. Mit ihnen verbindet man das Meistern von Abenteuern, den Aufbruch zu neuen Ufern, das Überwinden von Gefahren. Boote stehen sinnbildlich für eine Reise. Die Mannschaft ist eingeschworen, inbesondere auf kleineren Booten. Sie fühlt konkret, was es heißt, im selben Boot zu sitzen. Boote können kentern und untergehen. Niemand kann sich leicht bei Gefahr abseilen und damit als Einzelner dem Schicksal des Bootes entgehen. Der Kapitän verlässt vorbildlich als Letzter das sinkende Schiff.

Boote genießen selbst im engsten *Flottenverbund* ihre Freiheit. Sie manövrieren im Rahmen der Möglichkeiten autonom. Es greift kein *Flotten*steuermann in das Steuerrad des *Kapitäns*. Neue Mitglieder der *Mannschaft* kommen freiwillig an Bord, andere verlassen das *Boot*. Niemand ist halb auf einem *Boot*. Selbst wenn man nur Teilzeit oder nur für eine gewisse Zeit auf dem *Boot* angeheuert hat: solange man auf dem *Boot* ist, ist man auch voll dabei.

Auf *Booten* entwickelt sich eine eigene Kultur, besondere Rituale und Regeln. Die *Boote* sind für ihre besondere Bestimmung gebaut. Neue Mitglieder der *Mannschaft* fügen sich ein und bereichern sie mit ihrem Erfahrungsschatz.

Die Reise von der Startbahn bis zum Kreuzfahrtschiff

Startbahn

Die Reise beginnt auf der *Startbahn.* In einem beliebigen Teil des Unternehmens generiert eine Mitarbeiterin eine vage Idee. Schritt für Schritt gewinnt die Ideengeberin Mitstreiter für ihre Mission. Sie entwickeln gemeinsam einen Geschäftsplan und überzeugen erste Unterstützer in ihrem Umfeld. [mehr dazu im Kapitel „Startbahn“]

Schleuse

Die erste *Schleuse* ist die Frühphasen-Finanzierung. Können sie Investoren überzeugen, in ihre Idee zu investieren? Im Erfolgsfall bauen sie mit der Frühphasen-Finanzierung ein *Floß* und starten in den Wildbach.

Floß

Auf dem *Floß* entwickeln sie einen Prototypen und treten den Beweis an, dass ihr Konzept funktionieren kann. Dabei haben sie zahlreiche Herausforderungen zu überwinden und Änderungen vorzunehmen. Jeder macht, was gerade notwendig ist.

Auf der Reise entfachen sie erstes, echtes Interesse von einzelnen potenziellen Kunden. Damit hat das *Floß* seine Erfolgskriterien erfüllt und erreicht die zweite *Schleuse*. Das Team überzeugt Investoren mit ihren Ergebnissen, die nächste Phase der Reise zu finanzieren. [mehr dazu im Kapitel „Floß“]

Ruderboot

Mit der erfolgreichen Finanzierung verlässt die Mannschaft das *Floß* und baut sich ein passendes *Ruderboot*. Im Übergang der *Schleuse* verarbeitet die *Mannschaft* die Lernerfahrungen des *Floßes*. Sie bereitet sich auf die Fahrt mit dem *Ruderboot* vor. Es ist nicht ein Mehr oder Besser vom Gleichen, sondern es ist etwas anderes. Nichts ist gesetzt. Wer auf dem *Ruderboot* dabei ist und welche Rolle wer spielen wird, wird an der *Schleuse* neu entschieden.

Die Aufgabe auf dem *Ruderboot* ist, mit einer vernünftig gewählten Anzahl an Kunden ein minimal vermarktbares Produkt zu entwickeln. Auf der Reise des *Ruderbootes* entwirft, verprobt und verbessert das Team in häufigen Iterationen alle notwendigen Bestandteile ihres Geschäftsmodells, wie beispielsweise Marktbearbeitung oder Kundenbetreuung. Am Ende der Phase ist die *Mannschaft* gut vorbereitet, den Markt zu erobern und gelangt zur nächsten *Schleuse*. [mehr dazu im Kapitel „Ruderboot"]

Dampfschiff

Im Falle einer Finanzierung baut sich die *Mannschaft* ihr *Dampfschiff*. Der Maschinenraum erzeugt den nötigen Dampf, um Fahrt aufzunehmen und laufend schneller zu werden. Die Phase des *Dampfschiffs* ist die des steigenden Wachstums. Es werden immer schneller immer mehr Kunden gewonnen. Auf dem *Schiff* entstehen klarere Strukturen, welche die zunehmend arbeitsteiligere Zusammenarbeit der *Mannschaft* koordinieren. Das *Dampfschiff* versucht, möglichst lange in dieser Phase des steigenden Wachstums zu bleiben.

Vereinzelt gelingt es einem *Dampfschiff*, eine so gute Markttauglichkeit des Produktes zur richtigen Zeit zu erlangen, dass dies ein rasantes Wachstum ermöglicht. Dieses rasante Wachstum erreicht innerhalb kurzer Zeit den Faktor 10. Diese *Dampfschiffe* haben das Potenzial, das gesamte Unternehmen nachhaltig zu verändern. [mehr dazu im Kapitel „Dampfschiff"]

Kreuzfahrtschiff

Sobald das Wachstum sich verlangsamt, erreicht das *Dampfschiff* die nächste *Schleuse*. Dabei wird das *Dampfschiff* aus dem Wasser gehoben und stattdessen ein neues *Kreuzfahrtschiff* zu Wasser gelassen. Wie bei jeder anderen *Schleuse* formt sich mit dem neuen *Schiff* auch eine neue Organisation.

Das *Kreuzfahrtschiff* gewinnt zu Beginn noch weitere Kunden hinzu, jedoch nicht mehr so schnell wie als *Dampfschiff*. Die *Mannschaft* optimiert und automatisiert das *Schiff* immer weiter. In dieser Phase wird Geld verdient. Die Dividenden vom *Kreuzfahrtschiff* finanzieren die Fonds der Investoren – und damit neue *Flöße*, *Ruderboote* und *Dampfschiffe*.

Eines Tages kehrt sich das Wachstum um und das *Kreuzfahrtschiff* verliert Kunden an andere Schiffe. Diese können aus der eigenen Flotte stammen und damit das eigene Geschäft gewollt kanibalisieren – oder vom Wettbewerb. Für einige Zeit kann der Gewinn an Effizienz die Wirtschaftlichkeit erhalten. Sobald das *Kreuzfahrtschiff* die kritische Masse an Kunden verloren hat, erreicht es die letzte *Schleuse*. Das *Schiff* wird stillgelegt. Andere *Boote* und *Schiffe* der *Flotte* versuchen, die verbliebene *Mannschaft* und die letzten Kunden für ihre *Mission* zu begeistern. [mehr dazu im Kapitel „Kreuzfahrtschiff"]

Das Unternehmen als Flotte

Unternehmen wandeln sich mit FLEAT zu einer agilen *Flotte*. Je nach Phase befinden sich mehrere *Boote* auf der Reise. Von 100% Inititiativen auf der *Startbahn* passieren rund 70% erfolgreich die *Schleuse* zum *Floß, etwa* 30% dann die *Schleuse* zum *Ruderboot* und nur ca. 2% die *Schleuse* zum *Dampfschiff*. Vereinzelt findet sich unter den letzten 2% ein *sehr erfolgreiches Dampf-*

schiff. Die *Flotte* besteht auch aus *Kreuzfahrtschiffen.* Dort gilt, je mehr desto besser. Die vorgestellten Zahlen machen deutlich, dass eine große Anzahl an Booten zwangsläufig an einzelnen *Schleusen* scheitern.

Im *Flottenverbund* unterstützen Gilden den Austausch von Erfahrungen und das Heben von sinnvollen Synergien. Die Investoren finanzieren Boote entsprechend der Portfolio-Strategie und unterstützen zudem mit dem Vermitteln von Talenten und Erfahrungen. Die *Schiffe* liefern freiwillige Beiträge in Form von Leistungen und durch das Entsenden von Talenten.

Die *Flotte* benötigt gute technische Systeme, um auch wirtschaftlich den Überblick und das große Ganze im Auge zu behalten. Sie benötigt unterschiedliche virtuelle Finanzkonsolidierungen, beispielsweise nach Phasen, Kundenzielgruppen, Beteiligungen.

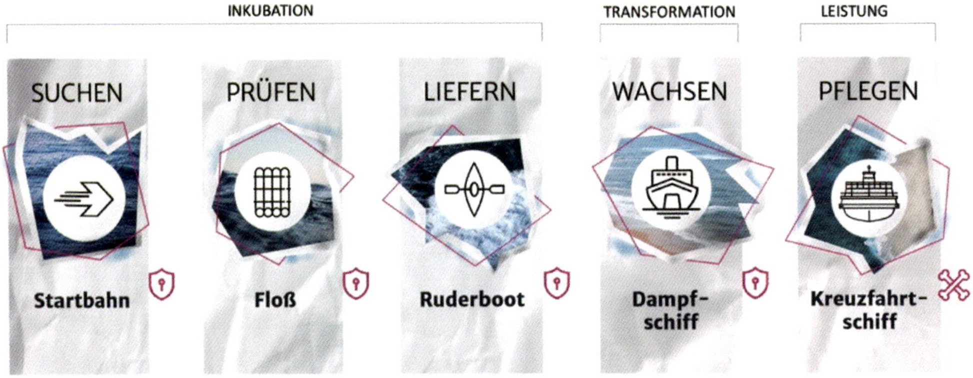

Die Betriebs- und Führungssysteme auf den Booten

Auf jedem Boot entsteht ein einzigartiges Betriebssystem, das sich ständig weiterentwickelt. Dazu zählen

- Organisation mit Regeln, Konsequenzen und Durchsetzung,
- Menschen mit Fähigkeiten, Autorisierungen und Befähigungen,
- Infrastruktur mit Werkzeugen, Technologien und Umgebungen.

Durch die große Anzahl an *Booten* und den Austausch von Leistungen und Talenten, entwickeln sich auch die Betriebssysteme bootsübergreifend laufend weiter. Neue *Boote* können auf Erfahrungen und Errungenschaften früherer *Boote* aufsetzen und diese weiter verbessern.

Ein zentrales Element des Betriebssystems ist das Führungssystem. Auf welche Art führt der *Kapitän* das *Boot*? Es muss allen bewusst sein, dass es unterschiedliche Führungssysteme gibt, die besser oder schlechter geeignet sind für einzelne Phasen und handelnde Personen. Deshalb muss auf jedem *Boot* geklärt sein, welches Führungssystem gilt.

System Napoleon

Der *Kapitän* weiß genau, was zu machen ist, und verteilt wohldefinierte Aufgaben an die *Mannschaft*. Die *Mannschaft* arbeitet dem *Kapitän* zu. Dieses Führungsmodell ist äußerst effizient und bei einem guten *Kapitän*, der die Bodenhaftung nicht verliert, fast nicht zu schlagen.

System Nelson

Der *Kapitän* entwirft mit seiner *Mannschaft* den Plan. Er lässt jeden die eigene Rolle im Rahmen des Plans selbst gestalten und delegiert phasenweise die Führung an einzelne Personen. Dieses Führungsmodell ist besonders für größere *Mannschaften* und klare Rollenaufteilungen geeignet.

System Expedition

Jede Person der *Mannschaft* hat einen vordefinierten Aufgabenbereich, in dem sie die gesamte *Mannschaft* führt. Die anderen folgen ihr, sobald eine Aufgabe dieses Bereichs ansteht. Die *Expeditionsleiterin* ist Erste unter Gleichen. Sie koordiniert die Verteilung von Führung und leistet allgemeine Führungsaufgaben. Dieses System eignet sich bei arbeitsteiligen Aufgabenstellungen mit vorhersehbaren Arten von Herausforderungen.

System Piraten

Der *Kapitän* wird von der *Mannschaft* gewählt (Leeson, 2007). Er teilt die Führung mit anderen Rollen. Wichtige Entscheidungen werden gemeinsam getroffen. Jeder hat eine Stimme. Die *Mannschaft* übergibt Führung situativ und nimmt sie auch wieder. Dieses System eignet sich bei eingespielten *Mannschaften* und wenn Improvisation gefordert ist.

In den folgenden Kapiteln führen wir in die zentralen Bausteine von FLEAT ein.

Die Firma KOI

Um FLEAT zu illustrieren, zeigen wir die Auswirkungen anhand eines fiktiven, aber auf realen Beispielen beruhenden Falls der Firma KOI. Die Beispiele von KOI finden sich in den folgenden Kapiteln.

KOI ist seit 1950 einer der führenden Hersteller von Fotokameras. KOI hat Anfang der 1980er Jahre die erste Digitalkamera auf den Markt gebracht und damit ihr eigenes Bestandsgeschäft der analogen Fotografie disruptiert. Als Vorreiterin hat KOI den weltweiten Markt für Digitalfotografie über Jahrzehnte dominiert. KOI ist sich bewusst, dass der Unternehmenserfolg vor allem auf der disruptiven Kraft vergangener Tage beruht. Der Markt beginnt einzubrechen. Mit der Verbreitung von Smartphones mit integrierter hochauflösender Kamera und den Entwicklungen im Bereich Augmented Reality und Künstlicher Intelligenz ist jetzt der Moment gekommen, wieder etwas Disruptives zu entwickeln.

Vor drei Jahren hat KOI ihr Organisationsdesign auf das ganzheitliche, agile Betriebssystem FLEAT umgestellt.

Träume & Albträume

„A dream you dream alone
is only a dream.
A dream you dream together
is reality."

— *JOHN LENNON*

Eine der zentralen Aufgaben der Führung eines Unternehmens ist, mit der Vision und der Strategie die Menschen emotional zu begeistern, ihre intellektuellen Fähigkeiten zu aktivieren und ein Gefühl für die Dringlichkeit zu wecken (Ghoshal & Bruch, 2003). Bei FLEAT übersetzen wir Unternehmensstrategien in *Träume & Albträume*. Sie haben den Zweck, die Strategie für alle Beteiligten anschaulich, emotional und aktivierend zu kommunizieren. Sie bilden somit den strategischen Handlungsrahmen.

Es ist ein Unterschied, ob der Leitsatz der Strategie lautet: „Wir bauen die besten und günstigsten Raketen der Welt“; oder ob der Traum mit den Worten beginnt: „Wir machen die Menschen zu einer interplanetaren Spezies.“ (Musk, 2017)

Ebenso wirkt die strategische Stoßrichtung „Wir werden die führende E-Bank“ deutlich schwächer als der Albtraum „Unsere heutige Geschäftsgrundlage wird verschwinden, sobald neue Banken ihr Geld mit Daten verdienen und nicht mehr mit Geldgeschäften.“

James Cook ist wohl einer der bedeutendsten Kartographen, Entdecker und Seefahrer der Geschichte. Dabei startete er seine erste große Reise offiziell mit folgendem Auftrag: Er sollte die Bahn der Venus zwischen Erde und Sonne berechnen. Man wollte so die genaue Entfernung von der Erde zur Sonne bestimmen. Sein eigentlicher Auftrag war aber ein anderer: In einem geheimen Umschlag, den Cook erst auf See öffnen durfte, steckte der Traum der britischen Krone. Cook sollte den sagenhaften Kontinent „Terra Australis“ in der Südsee finden (Commissioners for executing the office of Lord High Admiral of Great Britain, 1768).

Er bewies, dass es diesen Kontinent nicht gab, legte mit seinen Reisen aber den Grundstein für den späteren britischen Kolonialismus auf der Südseite der Erde. Nebenbei führte er erste effektive Lösungen gegen Skorbut ein, indem er seiner Mannschaft Nahrungsmittel mit viel Vitamin C, sowie Bier und Sauerkraut verabreichte (Stubbs, 2003).

Typischerweise formulieren die Verantwortlichen eines Unternehmens – unter anderem auch *Kapitäne* bereits unabhängig agierender Einheiten – die gemeinsamen *Träume & Albträume* für die gesamte *Flotte*. Um den bereits beschriebenen aktivierenden Charakter zu erlangen, bereiten Marketingexperten diese attraktiv auf und publizieren sie unternehmensweit. Im Gegensatz zu etablierten Strategieprozessen können *Träume & Albträume* einfach und unmittelbar kommuniziert werden. Auf diese Weise tragen sie zu einer deutlich wirkungsvolleren Ausrichtung der gesamten Organisation bei.

Alle Mitarbeiterinnen und Mitarbeiter sind nun dazu aufgerufen, Vorschläge entlang der *Träume & Albträume* zu entwickeln, die zu deren Erfüllung beziehungsweise Verhinderung dienen. In diesem Zuge finden sich mitunter auch Gleichgesinnte, die ihre Ideen in einer gemeinsamen *Mission* als konkrete Antwort auf einen *Traum & Albtraum* einbringen. Ein eingebrachter Vorschlag entwickelt sich zu einer *Mission* für eine Reise, die auf einem *Floß* beginnt und im Erfolgsfall auf einem *Kreuzfahrtschiff* endet.

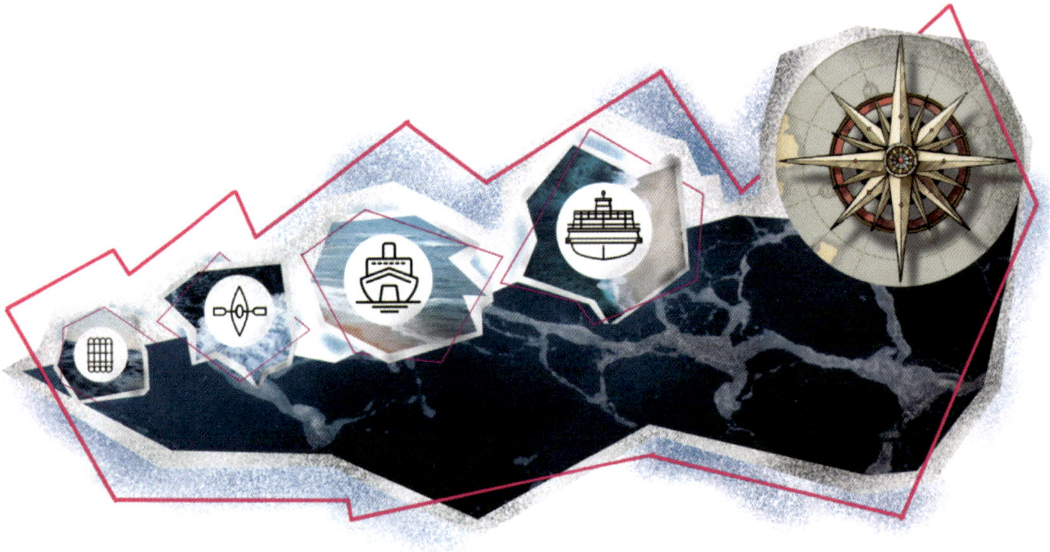

KOI möchte weiterhin Vorreiter der Disruption sein. Das Unternehmen weiß, dass es neue Sphären erobern muss. Friederike, CEO und somit *Flottenkapitänin* der KOI Gruppe, träumt davon, die Digitalfotografie neu zu denken: „Wir revolutionieren die Digitalfotografie und machen virtuelle Welten für alle erlebbar." Friederike nimmt ein kurzes Video mit einer persönlichen Botschaft auf und publiziert ihren Traum auf der unternehmensinternen FLEAT-Plattform. So erreicht sie die gesamte Mitarbeiterschaft sowie ausgewählte Partner und Lieferanten. In unterschiedlichen Teilen der *Mannschaft* beginnen Ideen zu sprießen, wie Friederikes Traum Wirklichkeit werden könnte.

Startbahn

„The way to get started is to quit talking and begin doing."

— *WALT DISNEY*

Der Weg, sich zu einem *Kreuzfahrtschiff* zu entwickeln, beginnt auf der sogenannten *Startbahn*. Hierbei handelt es sich im maritimen Sprachgebrauch um eine Vorrichtung, mit der Schiffe zu Wasser gelassen werden.

Übertragen auf FLEAT benötigen die von den Mitarbeitern generierten Ideen die *Startbahn*, um sukzessive einen definierten Reifegrad der Idee zu erreichen. Auf dessen Grundlage wird dann zum Ende der Phase eine valide Investitionsentscheidung für die Frühphase getroffen.

Ziel dieser Phase, die nicht länger als drei Monate dauern sollte, ist die Ausarbeitung von Nutzenversprechen, Geschäftsmodell, Grobkonzept und Business Case. Große Investitionen sind nicht nötig. Die Mitarbeiter erhalten hierfür ein überschaubares Budget (die sogenannte Startfinanzierung), sofern ihre Idee von einer bestimmten Anzahl Kollegen als unterstützenswert erachtet wird, um Zugang zu Marktinformationen zu ermöglichen und erste Prototypen zu visualisieren.

Der Prozess der *Startbahn* hat einen klaren Ordnungsrahmen. Dieser beginnt mit der Erarbeitung und Veröffentlichung der eigentlichen Idee und ruft andere Mitarbeiterinnen dazu auf, sich an der Weiterentwicklung dieser Idee zu beteiligen. Maximal dürfen in dieser Phase, neben der Initiatorin, zwei weitere Mitarbeiter mitwirken. Sollte für die *Startbahn* keine offizielle Arbeitszeit zur Verfügung gestellt werden, müssen Freizeit und sogenannte Schattenzeiten geopfert werden. Schattenzeiten sind Zeitbudgets, die durch Erhöhung der Effizienz im aktuellen Job erzielt werden. In der Regel empfiehlt es sich, Mitarbeitern, die sich mit einer Idee auf der *Startbahn* befinden, bis zu 20% ihrer Arbeitszeit zur Verfügung zu stellen.

Die Phase endet mit einer Präsentation vor den Investoren und der Entscheidung für oder gegen die Finanzierung und damit Fortführung der *Mission*.

Durch Friederikes Traum von virtuellen Welten für alle entstanden bei KOIs Mitarbeitern eine Reihe von Produktideen. Eine der Ideen stammt von Susanna. Sie ist Produktingenieurin und verantwortlich für die Qualitätssicherung des bestverkauften digitalen Kameramodells von KOI. Sie mag ihren Job, hat aber angesichts der Entwicklungen im Markt Sorgen, ob und wie es mit ihr im Unternehmen weitergeht. Sie würde gerne ein Start-up gründen, traut sich aber wegen der sozialen und wirtschaftlichen Risiken nicht. FLEAT gibt ihr die Chance, sich eine neue Zukunft im Rahmen von KOI aufzubauen. Susanna kann als Gründerin agieren und somit ihren Traum vom Unternehmertum leben, ohne dabei ungeschützt den sozialen und wirtschaftlichen Risiken des freien Marktes ausgesetzt zu sein. Zudem erhofft sie sich durch diese Möglichkeit neue Fähigkeiten zu erlernen und sich weiterzuentwickeln.

Ihre Idee: Digitalfotografie in Echtzeit greifbar und erlebbar machen. Auf einem digitalen Marktplatz veröffentlicht sie ihre Mission und findet dadurch zwei Mitstreiter – den Produktdesigner Ben und Kay mit jahrelanger Erfahrung als Produktmanager. Die drei erarbeiten ein Konzept, füllen ein Business Model Canvas aus, schätzen die Wirtschaftlichkeit ihrer Idee ab und betreiben erste Markt- und Nutzerforschung. Am Ende der dreimonatigen *Startbahn*-Phase, in der sie 20% der Arbeitszeit in die Idee investieren, stellen sie ihr ausgearbeitetes Konzept Friederike und weiteren Investoren vor. Die Idee überzeugt die Investorenrunde und Susanna wird *Missionsleiterin* eines neuen *Floßes* der KOI Gruppe.

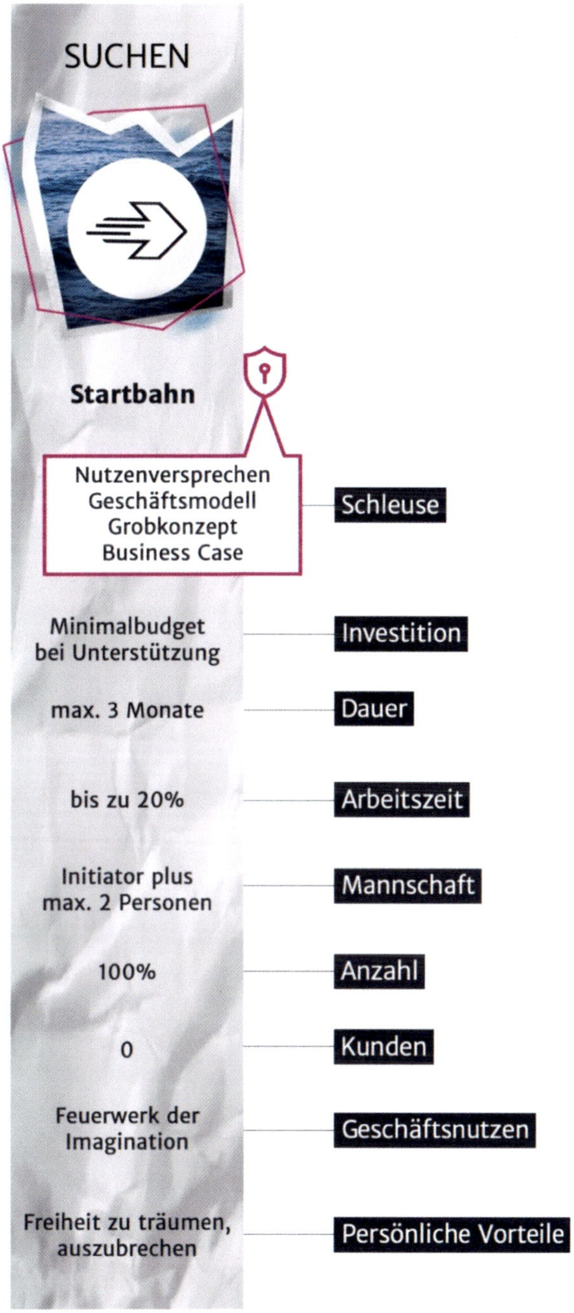
SUCHEN
Startbahn
Nutzenversprechen
Geschäftsmodell
Grobkonzept
Business Case
Schleuse
Minimalbudget bei Unterstützung
Investition
max. 3 Monate
Dauer
bis zu 20%
Arbeitszeit
Initiator plus max. 2 Personen
Mannschaft
100%
Anzahl
0
Kunden
Feuerwerk der Imagination
Geschäftsnutzen
Freiheit zu träumen, auszubrechen
Persönliche Vorteile

Floß

„Do just once what others say you can't do, and you will never pay attention to their limitations again. “

— *JAMES COOK*

Auf Basis der Erkenntnisse und Ergebnisse der *Startbahn* (z. B. Nutzenversprechen, Geschäftsmodell etc.) geht es in der *Floß*-Phase nun darum, den Markt mit einem ersten Prototypen zu adressieren, dessen Akzeptanz zu überprüfen und bis zur nächsten *Schleuse* die Konzepttauglichkeit herzustellen. Im Rahmen der Investitionsrunde werden adäquate Kriterien zum Passieren des nächsten *Schleusen*tors festgehalten: die Erfolgskriterien.

In der *Floß*-Phase geht es nicht darum, möglichst viele Kunden zu gewinnen, sondern die richtigen Grundlagen zu schaffen und durch eine hohe Frequenz an Wiederholungen und Anpassungen das Lernen zu beschleunigen. Daher experimentiert und iteriert das Team häufig und schnell. Auch wenn etwas zu funktionieren scheint, wird es weiter hinterfragt. Wie können wir es noch besser machen? Es wird angepasst, verprobt, angepasst, verprobt und so sukzessive verbessert. Ein weiterer Maßstab für den Erfolg in dieser frühen Phase ist das Engagement der *Mannschaft* und der ersten Testkunden. Das Team bringt wertvolle Zeit ein (40-80%) und riskiert Nachteile in einer klassischen Karriere. Erste Testkunden zeigen echtes Interesse am entstehenden Produkt. Sie investieren Geld, Zeit, Energie und manchmal ihren Ruf. Sie engagieren sich proaktiv mit der *Mannschaft*.

Auf einem *Floß* gibt es weder klar definierte Aufgabenprofile noch eine geordnete Arbeitsteilung. Was zu tun ist, muss mit der vorhandenen *Mannschaft* erledigt werden. Jeder arbeitet nach seinen jeweiligen Kapazitäten und Fähigkeiten und übernimmt die aktuell wichtigsten Aufgaben. Niemand sagt: „Das ist nicht meine Aufgabe." Es braucht somit eine *Mannschaft* von bis zu sechs Personen, die sich mit all ihren Fähigkeiten und Kenntnissen und der notwendigen Haltung zur Erreichung der Erfolgskriterien einbringen.

Das Führungssystem auf einem *Floß* könnte von der Gründerin entweder hierarchisch oder alternativ mit einem Team von Gleichen flach geführt werden. Im ersten Fall trifft die Gründerin alle wichtigen Entscheidungen und leitet das Team nach Effizienzkriterien. Im zweiten Fall ist jedes Mitglied der *Mannschaft* vollständig in alle wichtigen Entscheidungen eingebunden.

Die Hauptaufgabe der *Mannschaft* besteht darin, neue Geschäftsmöglichkeiten auszuprobieren. Die Mitglieder der *Mannschaft* fragen potenzielle Kunden an, hören sehr gut zu und fühlen sich in sie ein. Sie kombinieren vorhandene Ideen, probieren Neues aus und haben keine Angst davor, frühzeitig grundlegende Änderungen vorzunehmen. Sie erarbeiten ihre Geschichte und erschaffen eine eigene Bildsprache. Diese Bildsprache erklären sie potenziellen Kunden und machen so ihre Ideen erlebbar. Sie entwickeln sukzessive den Beweis der Konzepttauglichkeit, den *„Proof of Concept"*.

Die *Mannschaft* besteht aus Unternehmerinnen und Unternehmern, die keine Angst davor haben, Risiken einzugehen. Für die einzelnen Mitarbeiter gehört es vor allem in dieser frühen Phase dazu, sich in neue Themenfelder einzuarbeiten und Aufgaben zu erledigen, die durchaus auch außerhalb des gewohnten Tätigkeitsbereichs liegen. Hier liegt ein Schwerpunkt kontextueller Lernerfahrungen.

Investorinnen sind hauptsächlich die berühmten drei Fs der Frühphasenfinanzierung: Geschäfts-„Familie, Freunde, Fools (Verrückte)". Zielkunden, und hier kommt eine Herausforderung, sind in aller Regel nicht die aktuellen Kerngeschäftskunden des Unternehmens, da diese in der Mehrzahl reife Produkte erwarten. Stattdessen sind es die Innovatorinnen unter ihnen oder auch neue Kundengruppen, die bereit sind, persönliche Zeit für eine vielversprechende, aber noch nicht ganz ausgegorene Idee zu investieren. Hierin liegt einer der Hauptfehler von Unternehmensinnovationen: Alle Kunden – auch die, die erst spät auf neue Trends aufspringen – werden bereits zu Beginn des Produktlebenszyklus angesprochen und folglich mit einem meist unreifen Produkt konfrontiert. Hinzu kommt, dass viele Innovationen auf die Befriedigung erst zukünftiger Bedürfnisse einzahlen. Daher sollte die *Mannschaft* zu Anfang mit einem „Bündnis von Innovatoren" zusammenarbeiten. Ein selektiver, auf gemeinsame Entwicklung angelegter Marktzugang ist besser, als sich im Kampf gegen den Widerstand der Innovationsverweigerer aufzureiben.

Um in dieser Phase erfolgreich zu operieren, erhält die *Missionsleiterin* eine erste Finanzierung. Diese dient im Wesentlichen der Deckung der Personalkosten innerhalb der Frühphase. Die Höhe dieser Finanzierungsrunde sowie die angesetzte Dauer werden zusammen mit den bereits oben erwähnten Erfolgskriterien missionsspezifisch mit den Investoren verhandelt. Die Dauer sollte sechs Monate nicht überschreiten und die Finanzierung so moderat wie möglich gehalten werden.

Das Ende dieser Phase ist davon geprägt, dass eine Vielzahl der gestarteten *Flöße* aufgrund der Nichterreichung ihrer *Schleusen*kriterien, die *Mission* beenden müssen. Alle anderen, ca. ein Drittel der initial gestarteten *Flöße*, verhandeln nun im Rahmen der nächsten Investitionsrunde (A-Serie) die Ziele und Budgets für die kommenden Monate.

Susanna und ihr Team starten mit dem *Floß* ihren Ritt den Wildbach entlang. Die neu formierte *Mannschaft* definiert den gemeinsamen Purpose ihrer Mission. Angetrieben durch die Ende-zu-Ende-Verantwortung entwickeln sie ein gemeinsames Arbeitsmodell. Susanna, Ben und Kay investieren bereits 60 bis 80 Prozent ihrer Arbeitszeit in die Idee. Die Erkenntnisse aus der Bedürfnis- und Zielgruppenanalyse fließen iterativ in ihr Konzept ein. Das Produkt entsteht sukzessive in der Zusammenarbeit von Susanna und ihrer *Mannschaft* sowie ersten potenziellen Nutzern. [siehe Kapitel „Überzeugungen hinter dem Modell“, Abschnitt „Zweck“]
Auf diese Weise wird aus der Ursprungsidee einer Brille mit Fotofunktion ein erster Prototyp für eine Hologrammkamera. Darüber hinaus gelingt es Susanna zum Ende der *Floß*fahrt, den Investoren die Tauglichkeit sowie die Marktakzeptanz ihres Konzeptes zu beweisen. Damit passieren sie das nächste *Schleusentor*.

PRÜFEN

Floß

Schleuse	Prototyp Marktakzeptanz Konzepttauglichkeit (Proof of Concept)
Investition	Frühphase
Dauer	max. 6 Monate
Arbeitszeit	40–80%
Mannschaft	Initiator plus bis zu 5 Personen
Anzahl	30%
Kunden	0–1
Geschäftsnutzen	Geschäftsmöglichkeiten ausprobieren
Persönliche Vorteile	Unternehmertum erleben, viel lernen

Ruderboot

> „The strength of the team is each individual member. The strength of each member is the team."
>
> — *PHIL JACKSON*

Auf dem *Ruderboot* kommt es vor allem darauf an, das Produkt zur Marktreife weiterzuentwickeln und erste Kunden zu gewinnen. Typische *Schleusen*kriterien, die mit den Investoren vereinbart werden, sind daher ein minimal vermarktbares Produkt (MVP), erste zahlende Kunden und ein starkes Wachstumspotenzial, das mit einer Idee zur Skalierung einhergeht.

Das Ausmaß des MVP orientiert sich in erster Linie an den Erkenntnissen der *Floß*phase und den dort aufgenommenen Kundenbedürfnissen. Die Anzahl der Kunden ist so zu wählen, dass die Mannschaft nach wie vor den Fokus auf kontinuierliche Verbesserung des Leistungsangebotes legen kann und zu diesem Zeitpunkt noch nicht auf die Skalierung abzielt. Erst zum Ende der Phase sollten Möglichkeiten zur externen als auch zur internen Skalierbarkeit ausgearbeitet worden sein.

Nantucket ist eine etwa 125 Quadratkilometer große Insel des Bundesstaates Massachusetts der Vereinigten Staaten. Anfang des 18. Jahrhunderts war sie das Epizentrum des weltweiten Walfangs. Die weitgehend auf Pottwale spezialisierte typische Fangweise Nantucketer Walfänger bestand in Fangreisen. Diese führten um Kap Hoorn herum in den Pazifik bis vor die japanische Küste und dauerten mit Rückreise zwei bis vier Jahre. Wenn die Walfänger im Pazifik endlich auf einen Pottwal trafen, stiegen sie von ihrem großen Walboot in kleine Ruderboote und warfen von dort ihre Lanzen in den Rücken der Tiere. In diesem Moment begann der Nantucket Sleighride, die Nantucket Schlittenfahrt. Die verwundeten Tiere, aufgeschreckt vom Schmerz, versuchten zu fliehen und zogen dabei die Ruderboote an den Leinen der Harpunen hinter sich her. Eine solche Schlittenfahrt war lebensgefährlich – nicht nur für den Wal, sondern auch für die Besatzung im kleinen Boot. Ein Pottwal konnte die Boote stundenlang hinter sich herziehen und dabei Geschwindigkeiten von bis zu 35km/h erreichen. Finnwale versuchten die Boote mit in die Tiefe und die Besatzung in ein kaltes Grab zu ziehen. Am Ende, wenn das Tier keine Energie mehr hatte, zogen sich die Walfänger an der Leine näher und töteten das Tier mit gezielten Harpunenstößen. Das Walfett, das jahrzehntelang die amerikanische Industrie und deren Städte befeuerte, konnte entnommen werden. (vgl. Herman Melville, 1851)

Mit Eintritt in die Phase des *Ruderboots* wechselt der *Kapitän* zu 100% auf das *Boot*. Somit wird das *Boot* und seine *Mission* die neue berufliche Heimat der Gründerin. Mit dieser Fokussierung werden neue Potenziale und zusätzliche Motivation freigesetzt, sodass auch neue Mitglieder begeistert und für das *Boot* gewonnen werden können. Auch die bestehende *Mannschaft* fokussiert sich nun stärker auf die Arbeit innerhalb des neu formierten Teams, ohne dabei aber formal schon aus dem Arbeitsverhältnis der Primärorganisation austreten zu müssen.

Mit bis zu 20 *Mannschaftsmitgliedern* gewinnt das Führungs- und Zusammenarbeitsmodell nun eine deutlich stärkere Bedeutung. Daher empfehlen wir spätestens zum Eintritt in die *Ruderboot*-Phase, sich mit folgenden Themen auseinanderzusetzen:

- Worin liegt unsere *Mission*?
- Wen brauchen wir dazu?
- Wie werden Entscheidungen getroffen?
- Mit welchem Führungsmodell wollen wir arbeiten?
- Wie wollen wir Aufgaben verteilen und die Zielerreichung nachhalten?
- Wie wollen wir Mitarbeiter an Bord holen und wie trennen wir uns von ihnen?

Die Gründerin alleine oder die *Mannschaft* erarbeiten Lösungen, wählen adäquate Instrumente aus und halten diese im Anschluss für die weitere Zeit der Zusammenarbeit für alle Beteiligten leicht zugänglich fest.

Das dadurch entstehende Regelbuch sollte in regelmäßigen Abständen validiert und wenn notwendig angepasst werden. Mit Abschluss der Phase und Erreichung der nächsten *Schleuse* diskutiert das Team die Erfahrungen und Erkenntnisse aus der Zusammenarbeit und hält sie für sich selbst und andere *Boote* fest.

Das Investitionsvolumen in der *Ruderboot*-Phase ist, nicht zuletzt durch die stark angestiegenen Personalkosten, signifikant höher als in den vorhergehenden Phasen. Es empfiehlt sich daher mit den Investoren mindestens in dreimonatigen Zyklen auf die Entwicklung der vereinbarten Leistungskennzahlen zu schauen. Dadurch wird ein kontinuierlicher Austausch zwischen den Beteiligten ermöglicht und der Phasenerfolg bestmöglich abgesichert. Dies ist auch deswegen relevant, weil die Phase 18 Monate und länger andauern kann.

Nun sitzen Susanna, Ben und Kay im *Ruderboot*. Ihr Auftrag lautet, ein minimal vermarktbares Produkt (MVP), erste zahlende Kunden sowie eine Idee für die Skalierung zu liefern. Um diese Phase zu bewältigen, gewinnt die *Mannschaft* weitere Mitglieder und Susanna hat ihre bisherige Position aufgegeben. Sie widmet sich nun zu 100% der Verwirklichung ihrer Idee. Ihre Risikobereitschaft wird belohnt: Sie erhält anteilige Aktien an dem neuen Geschäftsmodell. Ist die *Mission* erfolgreich, wird sie am Gewinn beteiligt. Der gesamte *Mannschafts*beitrag wird so je nach Einstiegszeitpunkt honoriert.

Der Fokus des Teams liegt auf Testen – Messen – Lernen. Auf Basis von evidenzbasierten Erkenntnissen erarbeitet die Mannschaft iterativ weitere Prototypen, bevor diese final im MVP kulminieren. Ihr Produkt steht am Ende der 18-

monatigen Phase in den ersten Testläden. Der Umsatz wächst langsam, aber stetig. Wenn zum Ende der Phase die ersten 1.000 Exemplare verkauft sind, passiert *Kapitänin* Susanna mit ihrer *Mannschaft* die *Schleuse*.

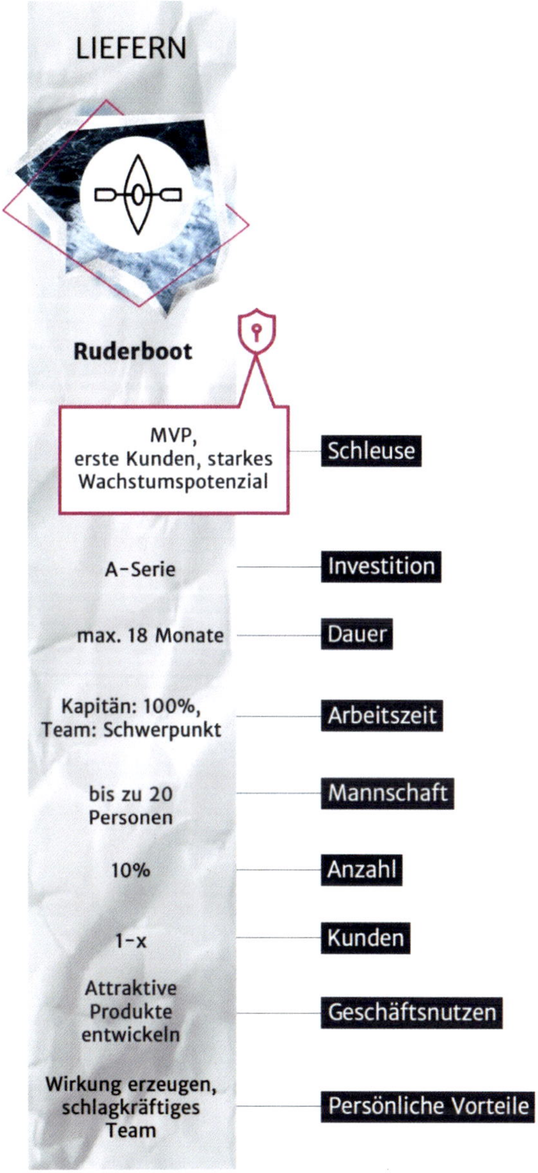

Dampfschiff

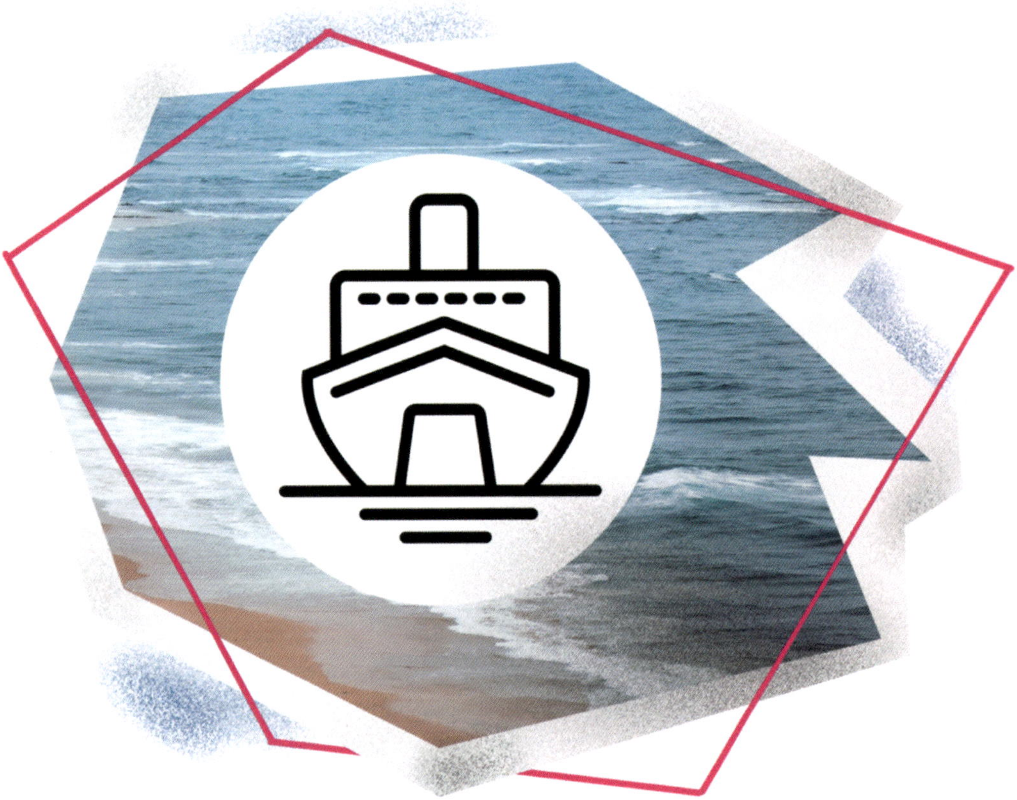

„Get rich or die tryin'“

— *CURTIS JAMES JACKSON III AKA. 50 CENT*

Das ist die letzte Phase, in der externe Investoren zur Finanzierung der *Mission* beitragen (B,C,D-Serie). Lediglich 2% der ursprünglich eingereichten Ideen erreichen diese Phase.

Das *Dampfschiff* kennt nur ein Ziel: Wachstum. Es geht darum, mehr und mehr Kunden so schnell wie möglich zu gewinnen, um am Ende zu den Marktführern zu gehören. Wenn die Marktsättigung erreicht ist, verlangsamt sich das Wachstum nach und nach, dann ist das Ende der Phase erreicht.

Wie schon beim Übergang in die *Ruderboot*-Phase definieren Kapitän und Mannschaft auch zum Start in die *Dampfschiff*-Phase die geeigneten Modelle für Führung und Zusammenarbeit. Klare Prozesse und Routinen bilden einen wesentlichen Bestandteil der Organisation, und die *Missionsleitung* nutzt die Vorteile einer arbeitsteiligen Organisationsstruktur überall dort, wo sie dem Zweck des Marktwachstums dienen. Die Etablierung weiterer hierarchischer Strukturen folgen dem gleichen Prinzip. Das *Dampfschiff* fährt unter umso mehr Dampf, je besser es gelingt, die individuellen Beiträge und die Beiträge der Teams in Einklang zu bringen. Viele der bereits in früheren Phasen ausgebildeten, bereichsübergreifend besetzten Teams werden aber auch weiterhin existieren. Die auf dem *Dampfschiff* eingesetzte Mannschaft arbeitet überwiegend zu 100% für die Mission.

Um die Wendigkeit des *Dampfschiffes* zu erhalten, ist eine Maxime der Phase, dass eine *Mannschafts*stärke von ca. 150 Personen (Dunbar-Zahl) nicht überschritten werden sollte (vgl. Spitzer, 2011). Aus diesem Grund müssen sich auch *Dampfschiffe* und deren *Mannschaft* ab dieser Größe wieder zu unabhängigen *Missionen* aufteilen. Neue Länder, Regionen, Zielgruppen sollten somit nicht durch eine Vergrößerung des *Dampfschiffes* erschlossen werden. Vielmehr sollte eine Konkretisierung des Zweckes erfolgen, an der sich ein neues *Floß* ausrichten kann.

Das Führungsmodell auf dem *Dampfschiff* kann mitunter hierarchisch sein, mit einer Führungskraft, die vor allem die großen, wichtigen Entscheidungen trifft. Die *Mannschaft* des *Dampfschiffs* besteht idealerweise aus Menschen, die ihre Aufgaben kennen und diese professionell, effizient und zielorientiert bearbeiten. Sie treibt der Wille an, besser zu sein als der Wettbewerb. Es kann aber auch sinnvoll sein, dass die akzeptierte Führungskraft Führungsaufgaben delegiert, die sie jedoch auch wieder zurücknimmt, wenn es nötig ist.

Im weiteren Phasenverlauf geht es darum, massiv zu wachsen. Der Erfolg definiert sich vorrangig über den Umsatz und den Marktanteil. Das Ende dieser Phase ist geprägt von ersten effizienzsteigernden Maßnahmen und der Erreichung eines positiven EBIT. Die kundenseitige Kündigungsquote ist in dieser Phase gering, Abwanderungsprävention („Churn Prevention") sollte unnötig sein.

Dampfschiffe mit einem außergewöhnlich hohen Wachstum werden durch die Investoren auch weiterhin stark finanziert, um möglichst das gesamte (in der Regel *flotten*verändernde) Potenzial zu heben. Der Übergang zum *Kreuzfahrtschiff* wird in diesem Fall verzögert. Ein Beispiel ist das iPhone, das Apple ein Jahrzehnt des Wachstums beschert und den Marktwert um mehr als den Faktor 10 erhöht hat. Das Unternehmen ist förmlich explodiert.

Die *Dampfschiff*-Phase hält so lange an, wie ein steigendes Wachstum gewährleistet ist. Sie endet mit sinkenden Wachstumsraten und positivem EBIT.

Susanna und ihre Mannschaft

Der Umstieg vom *Ruderboot* auf das *Dampfschiff* ist geglückt. Die Devise lautet nun: So viel Dampf wie möglich erzeugen. Das bedeutet wachsen, wachsen, wachsen und zwar mit 100% Einsatz. Susanna bleibt *Kapitänin* und sucht weitere *Mannschaftsmitglieder*. Nach weiteren 12 Monaten sind es bereits 95 Personen auf der *Mission*. Während der *Dampfschiff*-Phase wird die Hologrammkamera fester Bestandteil des Portfolios von KOI. Erste Marktbegleiter versuchen die Hologrammkamera zu kopieren, doch der Marktanteil von KOI bleibt davon unberührt. Die Umsätze wachsen sogar schneller als erwartet. Aus dem *Dampfschiff* ist im Laufe der letzten drei Jahre ein Super-*Dampfschiff* mit dreistelligen Wachstumsraten geworden. Das ist der Moment, in dem Susanna aus dem *Dampfschiff* aussteigt und sich eine neue Herausforderung sucht. Friederike hat einen neuen Traum kommuniziert und Susanna hat eine Idee.

WACHSEN

Dampfschiff

Abnehmendes Wachstum	Schleuse
B-Serie [C, D, ..]	Investition
solange steigendes Wachstum	Dauer
hauptsächlich 100% [Support von anderen]	Arbeitszeit
ideal max. 150 Personen	Mannschaft
2%	Anzahl
10x	Kunden
Marktführerschaft erobern	Geschäftsnutzen
Wilder Ritt, Ansehen, Reichtum	Persönliche Vorteile

Kreuzfahrtschiff

„If, in a few months, I'm only number 8 or number 10 in the world, I'll have to look at what off-the-court work I can do. I will need to do something if I want to be number 1."

— *JOHN MCENROE*

Auf dem *Kreuzfahrtschiff* heißt es, die Früchte der jahrelangen Investitionen zu ernten. Kurz: Das ist die Phase des Geldverdienens. Die *Mannschaft* auf dem *Kreuzfahrtschiff* hat eine klar definierte Aufgabe: Kundennutzen erhöhen und eine wachsende Rendite für die Investoren, respektive das Unternehmen, erwirtschaften. Effizienz ist der Schlüssel dafür. Prozesse verschlanken, Prozesse automatisieren und die Kosten so niedrig wie möglich halten, lautet die Devise. Es geht um den Erhalt des Standardgeschäfts, notwendige Reparaturen werden selbstverständlich ausgeführt. Doch vor jedem größeren Investment müssen die Verantwortlichen prüfen, ob die Investitionen in andere, zukunftsorientierte Bereiche des Unternehmens sinnvoller wären. Gleichzeitig geht es darum, die Qualität zum Kunden zu halten und zu verbessern.

Das Team des *Kreuzfahrtschiffes* besteht mehrheitlich aus zuverlässigen, prozessorientierten Mitarbeitern, die den sicheren Arbeitsraum wertschätzen und am Fortbestehen der *Mission* interessiert sind. Sie sehen sich als diejenigen im Unternehmen, die das Geld verdienen, mit dem die *Missionen* der *Flöße*, *Ruderboote* und *Dampfschiffe* ihre Ideen umsetzen und neues Wachstum ermöglichen. Spätestens zum Einstieg in die Phase des *Kreuzfahrtschiffes* sollten die Investorinnen konkret über die Neubesetzung oder sinnvolle Ergänzung der bestehenden Führung nachdenken. Typischerweise verlassen einige Mitglieder der *Mannschaft* bis hin zum Gründer auch freiwillig die *Mission*, um neue Herausforderungen auf *Missionen* in früheren Phasen anzunehmen oder neue Initiativen zu starten.

Mehr noch als auf dem Dampfschiff lebt die *Mannschaft* auf dem *Kreuzfahrtschiff* von eingespielten Prozessen, klaren Verantwortlichkeiten und definierten Aufgaben. Die Arbeitsteilung ist hoch, das System ist ausdifferenziert. Das *Kreuzfahrtschiff* bietet Platz für unterschiedliche Arten der Führung, je nachdem, worauf sich Mitarbeiter und Führungskraft verständigen.

Die RMS Titanic brach am 10. April 1912 zu ihrer Jungfernfahrt von Southampton nach New York auf. Vier Tage später am 14. April 1912 liegt sie auf dem Grund des Nordatlantik. Das unsinkbare Schiff sinkt innerhalb von nur drei Stunden. Das Leck, das durch einen Eisberg verursacht wird, ist nur ca. einen Quadratmeter groß. Dieser sorgt aber dafür, das die Vernietung des Schiffes über 30 m versagt. Die Titanic hatte 16 versiegelbare Kammern, von denen fünf volllaufen konnten, ohne das Schiff in wirkliche Gefahr zu bringen. Ein Unfall solchen Ausmaßes galt als undenkbar. Das Versagen des Rumpfes lässt sechs Kammern volllaufen. An Bord waren 16 Rettungsboote. Viel zu wenige für die 2.200 Passagiere und die Besatzung. SOS-Raketen werden gar nicht erst angebracht (nur kleine Begrüßungsraketen für andere Schiffe) (vgl. Marshall, 2013).

Das *Kreuzfahrtschiff* fährt so lange auf seiner Route, wie es die Renditeerwartungen erfüllt. Die Dauer dieser Phase ist nicht vorhersehbar. Die Investoren müssen die Entwicklung Ihrer *Kreuzfahrtschiffe* genau im Blick haben, damit sie den idealen Zeitpunkt für den Ausstieg finden. Ausstieg bedeutet entweder Verkauf oder Stilllegung des Geschäfts.

Walter

Walter übernimmt das Kommando auf dem *Kreuzfahrtschiff*, auf dem die Mannschaft mittlerweile unterwegs ist. Die rauen Zeiten auf offener See sind vorbei, nun geht es gemächlicher und geordneter, aber dennoch erfolgreich voran. Neben Susanna haben auch andere Teammitglieder wieder auf *Flößen* oder *Ruderbooten* angeheuert, zeitgleich hat Walters *Mannschaft* neue Mitglieder gewonnen. Die Hologrammkamera trägt mittlerweile mit über 30% den Hauptanteil am Ergebnis von KOI. Aus dem ehemaligen *Floß* ist eine Einheit entstanden, die große Teile der gesamten KOI-*Flotte* finanziert.

KOI hat es mit FLEAT geschafft, den Markt erneut zu entern und mit der kontinuierlich wachsenden *Flotte* nachhaltig auf Erfolgskurs zu bleiben.

PFLEGEN

Kreuzfahrtschiff

Verlust der kritischen Größe	Schleuse
Rückzahlung/ Dividenden eigene Investitionen	Investition
solange profitabel	Dauer
was nötig ist	Arbeitszeit
ideal max. 150 Personen	Mannschaft
so viele wie möglich	Anzahl
+ x − x	Kunden
Gewinne für Kunden und Unternehmen realisieren	Geschäftsnutzen
Sicherheit, Planbarkeit Perspektive	Persönliche Vorteile

Wirkung des Modells

„Zwischen Können und Tun liegt ein Meer und auf seinem Grunde gar oft die gescheiterte Willenskraft“

— *MARIE VON EBNER-ESCHENBACH*

Erst wenn man den ganzheitlichen Blick auf die verschiedenen Phasen des FLEAT-Modells wirft und sie in ihrer Kombination betrachtet, wird die Wirkkraft des Modells auf das Unternehmen und die Mitarbeiter erkennbar.

Vor der Einführung besteht das Unternehmen noch aus einem oder wenigen Geschäftsbereichen. Mit FLEAT wird es in viele kleine, unabhängig agierende Einheiten zerteilt (sogenannte *Independent Operating Units*), die mit einem klaren Zweck, definierter Ende-zu-Ende-Verantwortung und eigener Gewinn- und Verlustrechnung im internen und externen Wettbewerb ausgestattet sind. Die Organisation wird zu einer *Flotte* von *Schiffen* und *Booten*, die in der Lage ist, sich adaptiv auf immer neue Markt- und Kundensituationen einzustellen.

Für die Mitarbeiter im Unternehmen sorgt FLEAT im Kern dafür, dass sie aus ihren bisherigen starren Jobprofilen ausbrechen können und stattdessen auf Basis ihrer Fähigkeiten, Kompetenzen und Haltung auf das aktuelle Arbeitsangebot einzahlen. Sie sind befähigt im vorgegebenen Rahmen fluide zwischen verschiedenen *Missionen* Aufgaben zu übernehmen. Dies führt insbesondere dazu, dass – je nach *Bootstyp* – Mitarbeiterinnen aus ihrer eigenen Komfortzone heraustreten können oder sogar müssen. Die dadurch erlangten Kenntnisse erhöhen die Beschäftigungsfähigkeit und lassen Mitarbeiter so wendig werden, wie das Unternehmen, für das sie arbeiten.

Die Vorteile, die jeweils für die Unternehmens- und Mitarbeiterseite in den einzelnen FLEAT-Phasen entstehen, sind im Folgenden erläutert.

Wirkung auf das Unternehmen

Startbahn

Die *Startbahn* ermöglicht es, die kreative Leistung des gesamten Unternehmens im Rahmen eines emotional formulierten, strategischen Korridors zu aktivieren. Wir sprechen hier auch vom „Feuerwerk der Imagination". Mitarbeiter begeben sich auf eine *Mission*, die mit der Ideenfindung startet und im besten Fall mit der nächsten großen Geschäftsmöglichkeit für das Unternehmen endet. Durch einen vorab definierten Prozess bekommen die Investorinnen des Unternehmens nur vollständig augearbeitete Ideen vorgelegt, auf deren Grundlage eine seriöse Investmententscheidung getroffen wird.

Floß

Anders als bei klassischen Innovationsprozessen werden die Ideengeber nicht für das Einbringen der Idee belohnt. Ihnen wird die Ende-zu-Ende-Verantwortung zur Realisierung ihrer Idee zugesprochen. Eine Vielzahl neuer Geschäftsmöglichkeiten werden auf diese Weise verprobt. Ideengeberinnen (Gründerinnen) versuchen in der *Floß*-Phase, geeignete Kollegen für das *Floß* zu rekrutieren. Aus unterschiedlichen Funktionsbereichen kommen Mitarbeiterinnen in der neuen *Mission* zusammen. Eine bereichsübergreifende *Mannschaft* mit einem klaren Zweck entsteht. Indem die *Mannschaften* bereits zu Beginn mit einem kleinen Budget ausgestattet werden und somit auch ihre eigene Gewinn-und Verlustrechnung erhalten, geht die unternehmerische Verantwortung schon sehr früh von den Investorinnen auf das Gründerteam über. Kostentransparenz und Verantwortungsbewusstsein sind von Beginn an hoch.

Ruderboot

Auf den *Ruderbooten* entsteht ein Portfolio aus gut validierten Prototypen und neuen Produkten für das Unternehmen. In dieser Phase wird erkennbar, welche Geschäftspotenziale damit einhergehen. Es enstehen *Ruderboote*, die völlig neue Kundengruppen oder Regionen adressieren, aber auch solche, die die Zerstörung etablierter Geschäftsmodelle des Unternehmens nach sich ziehen. Gründer etablieren sich als vollwertige Unternehmer ihrer *Mission* und werden zum Teil der Führung im Unternehmen.

Dampfschiff

In der Phase des *Dampfschiffes* wird der wirtschaftliche Wirkungsgrad für Unternehmen sichtbar. Streben Unternehmerinnen in ihren Organisationen nach mehr Agilität, tragen die neuen Geschäftseinheiten diese bereits von Beginn an mit sich. Die größte unternehmerische Herausforderung des Dampfschiffes ist, neben dem Wachstum selbst, der damit einhergehende natürliche Teilungsprozess auf dem Weg zur Marktführerschaft.

Kreuzfahrtschiff

Das *Kreuzfahrtschiff* ist die für viele Mitarbeiter vertrauteste FLEAT-Phase. In dieser Phase werden für das Unternehmen, aber auch für Kunden Gewinne realisiert. Durch die neuen Betriebssysteme der *Kreuzfahrtschiffe* sind Prozess-Effizienzen schneller realisierbar als bisher. Etablierte Geschäftsmodelle sichern die Wirtschaftlichkeit des Unternehmens und finanzieren die Innovationen anderer Boote, die sich in früheren Phasen befinden, quer.

Wirkung auf die Mitarbeiter

Startbahn

Die *Startbahn* gibt jedem die Freiheit zu träumen. Sie befähigt Macher, Neugierige, Unternehmertypen und eben auch Träumer, ihre Ideen für die Erfüllung der *Träume* und die Verhinderung der *Albträume* des Unternehmens einzubringen. Das Zusammenspiel aus diesem strategischen Handlungsrahmen und des geführten Prozesses der *Startbahn* aktiviert die gesamte *Mannschaft*, fernab der üblichen proaktiven Innovatoren des Unternehmens. Der geschaffene Raum für Kreativität und Innovation fördert die psychologische Sicherheit und ermutigt dazu, bekanntes Gewässer zu verlassen. Die *Startbahn* ist für Mitarbeiter eine exzellente Möglichkeit ihre Fähigkeiten über das aktuelle Jobprofil zu erweitern. Sie lernen Geschäftsideen zu einer Investoren-Präsentation zu führen. Die *Startbahn* kann für Mitarbeiterinnen vor allem aber auch eine neue Karriereperspektive darstellen.

Floß

Sobald die *Mission* das Stadium des *Floßes* erreicht, erfahren Mitarbeiterinnen die Welt einer Gründerin: Sie erleben echtes Unternehmertum. Es gilt, mit der gewonnenen Verantwortung für das Budget verantwortungsvoll umzugehen. Die Gründerin muss (vielleicht zum ersten Mal überhaupt) Kollegen rekrutieren. Auch die Auswirkungen auf den noch aktuellen Job sind mitunter positiv: Wenngleich weniger zeitliche Ressourcen zur Verfügung stehen, beflügelt die neugewonnene Passion für die eigene *Mission* auch die Arbeitsergebnisse im bisherigen Job. Der eigene Horizont und die individuellen Fähigkeiten werden durch die bereichsübergreifende Zusammenarbeit mit den neuen Teammitgliedern erweitert. Somit fließt Neuerlerntes auch in den bisherigen Tätigkeitsbereich ein.

Ruderboot

Der Gründer ist nun vollständig auf der *Mission* und hat seinen bisherigen Job verlassen. Dies führt zu noch mehr Engagement des Gründers, der jetzt volle Wirkmächtigkeit entfalten kann. Auch die Fähigkeiten des Gründers wachsen in dieser Phase rasant. Er muss viele Aufgaben zum ersten Mal durchführen, Kolleginnen (sei es aus der eigenen Mission oder aus dem *Flottenverbund*) heranziehen, um Hilfestellungen bei neuen Aufgaben zu erhalten. Alle Mitarbeiter befinden sich in einem Arbeitsumfeld mit neuen Zusammenarbeitsmodellen, einem klar formulierten Zweck und dem gemeinsamen Ziel, das nächste *Schleusentor* zu erreichen.

Dampfschiff

Alle Mitarbeiter, die jetzt auf der *Mission* sind, befinden sich in einem wirtschaftlich extrem erfolgreichen Umfeld. Es gibt nach wie vor schnelle Lernkurven bei allen Beteiligten. Gerade wenn das *Dampfschiff* zu neuen Zielgruppen aufgebrochen ist, lernen sie völlig neue Fähigkeiten. Die Neuformierung der Strukturen, das angestrebte Wachstumsziel, die ständigen Lernerfahrungen und gerade die kontinuierlichen Erfolge – all das gleicht einer wilden Bootsfahrt unter Volldampf. Insbesondere die Gründerinnen und Mitarbeiterinnen, die von Beginn an Teil der *Mission* sind, erfahren viel Anerkennung und im besten Fall auch Reichtum.

Kreuzfahrtschiff

Das *Kreuzfahrtschiff* stellt viele bekannte Vorteile für die Mitarbeiter heraus: Sicherheit des Arbeitsplatzes in einem etablierten Geschäftsfeld, berufliche und private Planbarkeit und nicht zuletzt auch Perspektiven auf neuzubesetzende Aufgabenprofile. Auf einem Kreuzfahrtschiff wissen die Mitarbeiterinnen, dass sie für eine große Anzahl an Kunden und den aktuellen wirtschaftlichen Erfolg der gesamten Flotte mitverantwortlich sind. Schlaue und analytische Personen finden ein breites Betätigungsfeld, an mächtigen Hebeln zu drehen. Sie perfektionieren Bestehendes und entwickeln es gleichzeitig innovativ weiter. Ein *Kreuzfahrtschiff* bietet die strukturiertesten Entwicklungsmöglichkeiten und die meisten Personen, von denen man lernen kann.

Wirkung auf die Kluft-Symptome

Das Kapitel „Überspringen der Kluft“ beschreibt verschiedene Symptome, die auftreten, wenn die Mehrheit nicht in die Agilität mitkommt. Wie hilft nun FLEAT, die Mehrheit mitzunehmen und diese Symptome zu überwinden?

Zombie-Agilität

Agile Rituale und Bezeichnungen, ohne wirklich agil zu sein, entstehen beim Überstülpen von agilen Arbeitsinstrumenten auf eine Mehrheit von Mitarbeitern, die entweder nicht dafür offen sind oder keine geschäftsrelevanten Notwendigkeiten für deren Anwendung erkennen. Auf den neuen *Booten* startet zunächst die frühe Minderheit mit agilen Arbeitsweisen. Mit der Zeit und dem zunehmend sichtbaren Erfolg heuern einzelne Vertreter der Mehrheit auf diesen *Booten* an. Sie übernehmen ganz natürlich die neuen Methoden, weil die Mehrheit auf dem *Boot* diese lebt und damit erfolgreich ist. Die

Systeme sind bereits derart eingespielt, dass sie einfach handhabbar sind und ihre Nützlichkeit bewiesen haben. Die Mehrheit muss nicht in ihrem gewohnten Umfeld auf agile Methoden umstellen, sondern macht dies mit dem Wechsel auf ein *Boot*.

Goldene Käfige

Bisher gab es wenig Gründe, warum Menschen ihren wohlverdienten goldenen Käfig freiwillig verlassen sollten. Warum Ansehen, Macht, Geld oder das Leben in der Komfortzone freiwillig aufgeben? Die oftmals aufgeführten Motivatoren wie Selbstverwirklichung oder Sinnhaftigkeit reichen nicht aus, um die Mitarbeiter aus dem goldenen Käfig zu locken. Mit FLEAT gibt es ein Angebot, das einen rationalen Grund anbietet: Wenn das *Boot*, auf dem Du anheuerst oder das Du sogar selbst gründest, erfolgreich ist, wirst Du am Schluss sogar schneller mehr Ansehen, Macht, Geld und Komfort haben. Es gibt somit auch eine Chance auf Gewinn – und nicht nur den sicheren Verlust.

Silos

In großen Organisationen sind durch Arbeitsteilung Silos entstanden. Auf einem *Floß* gibt es keine Arbeitsteilung und damit auch keine Silos. Jede Person macht, was gerade notwendig ist, auch wenn es nicht dem eigenen, früheren Rollenprofil entspricht. Dieses Aufbrechen von Silos geschieht natürlich und hat deshalb auch in den weiteren Phasen des Bootes ein Fortleben. Wenn sich später auf einem *Dampfschiff* und *Kreuzfahrtschiff* eine neue Arbeitsteilung etabliert, sind die neuen Silos durchlässiger als in den klassischen Organisationen. Das Betriebssystem ist vernetzter, weil es nach dem Muster der übergreifenden Zusammenarbeit aufgebaut wurde. Sollten die Silos zu stark werden und damit Neues oder Verbesserungen verhindern, so entstehen wieder neue *Flöße*, die diese Silos erneut durchbrechen.

Lehmschichten

Die Trennung der Orte der Entscheidung von den Orten der Umsetzung durch viele Hierarchie-Ebenen führt zu den oft beklagten Lehmschichten. Ein Floß ist flach. Entscheidung und Umsetzung sind unmittelbar miteinander vernetzt. Dort gibt es keine Lehmschicht. Dieses Floß funktioniert in der FLEAT-Struktur wie eine digital native Organisation, die grundsätzlich auch in höheren Komplexitätsgraden - bis hin zum *Kreuzfahrtschiff* - nicht dazu neigt, so viele Schichten aufzubauen, wie es in klassischen Organisationen der Fall wäre. Größe ist einer der Treiber für Lehmschichten. Auch deshalb empfiehlt FLEAT eine natürliche Zellteilung ab einer Mannschaft von 150 Personen. Der zusätzliche Markt, die zusätzliche Zielgruppe sollten lieber über ein weiteres Boot erobert werden, das zusätzliche Produkt, der zusätzliche Service über ein neues Boot in die Welt gebracht werden, als über ein noch größeres *Dampfschiff*.

INKUBATION

	SUCHEN	PRÜFEN

	Startbahn	**Floß**
Schleuse	Nutzenversprechen Geschäftsmodell Grobkonzept Business Case	Prototyp Marktakzeptanz Konzepttauglichkeit (Proof of Concept)
Investition	Minimalbudget bei Unterstützung	Frühphase
Dauer	max. 3 Monate	max. 6 Monate
Arbeitszeit	bis zu 20%	40-80%
Mannschaft	Initiator plus max. 2 Personen	Initiator plus bis zu 5 Personen
Anzahl	100%	30%
Kunden	0	0-1
Geschäftsnutzen	Feuerwerk der Imagination	Geschäfts-möglichkeiten ausprobieren
Persönliche Vorteile	Freiheit zu träumen, auszubrechen	Unternehmertum erleben, viel lernen

	TRANSFORMATION	LEISTUNG
LIEFERN	WACHSEN	PFLEGEN

Ruderboot	**Dampfschiff**	**Kreuzfahrtschiff**
MVP, erste Kunden, starkes Wachstumspotenzial	Abnehmendes Wachstum	Verlust der kritischen Größe
A-Serie	B-Serie [C, D, ..]	Rückzahlung/ Dividenden eigene Investitionen
max. 18 Monate	solange steigendes Wachstum	solange profitabel
Kapitän: 100%, Team: Schwerpunkt	hauptsächlich 100% [Support von anderen]	was nötig ist
bis zu 20 Personen	ideal max. 150 Personen	ideal max. 150 Personen
10%	2%	so viele wie möglich
1-x	10x	+ x − x
Attraktive Produkte entwickeln	Marktführerschaft erobern	Gewinne für Kunden und Unternehmen realisieren
Wirkung erzeugen, schlagkräftiges Team	Wilder Ritt, Ansehen, Reichtum	Sicherheit, Planbarkeit Perspektive

Manifest: Werte und Regeln

And thirdly, the code is more
what you'd call '**guidelines**' than actual
rules. Welcome aboard the Black Pearl,
Miss Turner!

— *CAPTAIN BARBOSSA (PIRATES OF THE CARRIBEAN)*

Damit FLEAT seine volle Wirkung im Unternehmen entfalten kann, ist ein gemeinsames Verständnis von Grundwerten und Spielregeln nötig. Beide sind im FLEAT-Manifest festgehalten. Sie bilden die Grundlage für eine breite Akzeptanz dieses auf Skalierung ausgelegten Rahmenwerks.

Die Grundwerte sind offen und als Anregungen formuliert, denn sie sollen nicht als Dogma Wirken. Vielmehr sollen sie Orientierung stiften in Situationen, in denen zwei prinzipiell richtige Wertesysteme aufeinander treffen. Wir wertschätzen beide, geben im Zweifel aber ein klares Votum und fördern somit selbstbestimmtes Handeln.

Die Spielregeln dagegen bilden die wenigen unverrückbaren Fixpunkte von FLEAT. Sie sind als Gebote zu verstehen und definieren den klaren und unabdingbaren Rahmen für das nachhaltige Wirken des Rahmenwerks.

FLEAT-Grundwerte

1. Kundenzentriertheit ist wichtiger als interne Überlegungen.
2. Ende-zu-Ende-Verantwortung ist wichtiger als zentrale Standards.
3. Autonomie ist wichtiger als Synergien.
4. Daten sind wichtiger als Meinungen.
5. „Gut genug“ ist wichtiger als „Für die Ewigkeit“.
6. Verbessern ist wichtiger als Konsequenzen ziehen.
7. Mut ist wichtiger als Perfektion.
8. Spielregeln sind wichtiger als persönliche Macht.
9. Gesunder Menschenverstand ist wichtiger als Regeln.

FLEAT-Spielregeln

1. Verantworte den wirtschaftlichen Erfolg auf deinem Boot.
2. Organisiere dein Boot nach jeder Schleuse neu.
3. Verlasse Boote mit Anstand und betrete sie mit Demut.
4. Begreife das Untergehen deines Bootes als Quelle des Lernens.
5. Steuere als Kapitän nur ein Boot.
6. Unterstütze unbürokratisches Anheuern auf Boote.
7. Schieße nicht auf andere Boote deiner Flotte.
8. Beteilige die Mannschaft anteilig am finanziellen Erfolg ihres Bootes.
9. Schaffe ein Netzwerk aus eigenständigen Investitionsquellen.

Flottensteuerung

„The best early-stage venture capital investments appear obvious in retrospect; however, very few of them are actually obvious when you make them.“

— *DAVID SZE*

Besser schnell scheitern

Bisher hat der Glaube dominiert, dass ein maximaler Fokus auf sehr wenige, gut ausgewählte Initiativen die höchste Erfolgswahrscheinlichkeit mit sich bringt. Dies war eine etablierte Erfolgsformel, vor allem bei bestandsgeschäftsnahen schrittweisen Innovationen. Die relevanten Marktmechanismen waren ausreichend bekannt und neue Angebote konnten mit durchaus passablen Erfolgsquoten an den Markt gebracht werden. Eine Gewissheit herrscht dennoch über all diesen Initiativen: Unabhängig davon, wie tief das Produktkonzept diskutiert wird, egal wie lang die Liste der Stakeholder und Berater ist, oder wie aufwändig die Marktanalysen betrieben werden – 9 von 10 Initiativen auf der *Startbahn* werden scheitern.

Der erste Reflex im Umgang mit dieser Tatsache ist es natürlich, diese Quote zu optimieren. Denn aus 10% lassen sich bekanntermaßen immer 12% machen – und aus 12% sicher auch 13% ... Aber zu akzeptieren, dass erfolgreiche Innovationen zwangsläufig und ganz natürlich mit einer hohen Fehlerquote verbunden sind, fällt vor allem perfektionsorientierten Unternehmen immer noch sehr schwer. Frei nach dem Motto: „Wenn Du keine Fehler machst, bist Du nicht mutig genug."

Dementsprechend verhält es sich dann auch in der Unternehmensrealität. Die wenigen Produkt- und Lösungsansätze, die dem Innovationsprozess entspringen, werden mit hohen Budgets für lange Investitionszeiträume ausgestattet. Die erwartete Rendite (*Return of Investment,* ROI) dieser Projekte wird in der Regel eher schwammig formuliert. Initiativen, die ihre Ziele nicht erreichen, erhalten in der Regel noch weitere Budgets, um deren Erfolgsmöglichkeit am Leben zu erhalten. Je höher die bereits getätigten Investitionen, desto geringer ist die Wahrscheinlichkeit, dass man vom Projekt Abstand nimmt. Psychologinnen nennen dieses Phänomen den „Fehlschluss irreversibler Kosten" (sunk cost fallacy). Scheitern ist in diesem Modus keine Option, da dies nach wie vor als berufliches und persönliches Versagen aller Beteiligten gewertet wird. Den Mut zum Scheitern scheint niemand aufbringen zu wollen.

Wie Clayton M. Christensen (1997) in „The Innovator's Dilemma" ausreichend dokumentiert, reicht dieser Blick auf die zukünftige Portfolioentwicklung nicht aus: Unternehmen, die disruptive Innovationen entwickeln wollen, müssen akzeptieren, dass nur eine Streuung des Innovationsbudgets in zahlreiche Initiativen mit zunächst kleinen Märkten und neuen Zielgruppen die Zukunftssicherheit sicherstellen können. Hierbei ist ein entscheidender Punkt zu beachten, der Unternehmen ermutigen sollte, in die Breite des Investitionsportfolios zu investieren: Aufgrund historisch niedriger Kapitalkosten herrscht aktuell ein Überangebot an Geld am Markt. Während also in der Vergangenheit die wenigen gestarteten Innovationen zu einem hohen ROI verpflichtet waren, können heute auch schon kleinere ROIs erfolgversprechend sein bzw. sind scheiternde Innovationen nicht in einem Übermaß negativ zu bewerten (vgl. Mankins et al., 2017).

An dieser Stelle ist es an der Zeit, den Blick nach außen zu wenden. Es gibt durchaus Ökosysteme, die das Thema Portfoliomanagement bereits heute in diesem Sinne vorantreiben: Risikokapitalgeber setzen auf Risikostreuung und datenbasierte Entscheidungsfindung, um ein Portfolio von gründergeführten Start-ups erfolgreich an den Kapitalmarkt oder in Privatbesitz zu überführen – und das natürlich mit positivem ROI und oftmals – für europäische Verhältnisse – abenteuerlichen Gewinnquoten.

Die Portfoliosteuerung mit FLEAT

„I plan to keep growing the portfolio, ya dig?“

— *SNOOP DOGG IN FORBES MAGAZIN 2019*

Folgen wir dieser Idee, so muss es auch in großen Unternehmen darum gehen, ein Umfeld zu schaffen, in dem Investitionen in den zukünftigen Erfolg von Organisationen gestreut und das Risiko daher maximal diversifiziert wird. Wir müssen uns entfernen vom „Ganz oder gar nicht“ und hin zu einer intelligenten Portfoliosteuerung, die dazu beiträgt, dass sowohl die Initial- als auch die Folgeinvestitionen aufgrund von nachvollziehbaren Datenpunkten oder Einschätzungen getätigt werden. Was liegt hier näher, als sich der Mittel professioneller Risikokapitalgeber zu bedienen und mit den Vorteilen erfolgreicher Unternehmen zu verbinden. Bereichsvorstände werden zu Investoren, die ihre Mitarbeiter dazu ermutigen, neue Themen zu entwickeln. Mit klaren Zielen und Meilensteinen für jede neue Finanzierung übernehmen sie nicht nur die Verantwortung für die bestehenden Value Streams, sondern verantworten vor allem auch den zukünftigen Geschäftserfolg ihrer Organisation.

Doch bei allen betriebswirtschaftlichen Vorteilen, die ein solcher Unternehmens-Risikokapital-Ansatz mit sich bringt, ist es natürlich ein großer Schritt für die Mitarbeiter, die im Zentrum eines solchen Ansatzes stehen und den wesentlichen Erfolgsfaktor bilden. Denn bei aller Liebe, die wir für den Flair der neuen Arbeitswelt und die Start-up-Szene empfinden, birgt der Schritt vom &geregelten Arbeitstag eines Angestellten hin zum internen Gründer doch auch diverse Risiken. Ein weitgehend ungefährdeter rollenbasierter Job gibt jedem Mitarbeiter große emotionale Sicherheit. Ein internes Start-up zu gründen, ist ein Schritt aus der Komfortzone in eine Unsicherheit – selbst wenn diese im Vergleich zur Gründung eines echten Start-ups ohne Fallschirm deutlich überschaubarer ist. Ein solcher Sprung muss mit ensprechenden Anreizsystemen kompensiert werden, um eine ausreichende Anzahl an internen *Missionen* zu aktivieren. Hier bedient sich FLEAT diverser Anreiz-Module, die spezifisch für jedes Unternehmen konfiguriert werden können.

Im freien Markt, insbesondere in Europa, brauchen Gründerinnen oft Jahre, bis sie die nächste Wette in die Umsetzung bringen können, und sind dabei nicht selten auch existenziellen Risiken ausgesetzt. Wer dieses Extrem meiden, aber dennoch seine unternehmerische Kreativität ausleben möchte, wird mit dem FLEAT-Ansatz angesprochen. Die versteckten Talente, kreativen Persönlichkeiten und Gründermentalitäten, die Macherinnen in einer Organisation, können ihr bislang ruhendes Potenzial nutzen, sich zeigen und gezielt gefördert werden. FLEAT entschlüsselt den Risikokapital-Ansatz des Silicon Valleys. Der Ansatz kombiniert den sozialen und wirtschaftlichen Fallschirm einer reifen Unternehmung mit allen portfoliotheoretischen Vorteilen. Zudem können die fundamentalen und daher auch vor allem für die Startphase erfolgskritischen Infrastrukturelemente eines Start-ups zumeist als gegeben angesehen werden. In Folge kann sich die Energie der „Gründerin" oder des „Gründerteams" von Beginn an auf das zu erarbeitende Konzept konzentrieren. Unternehmen machen sich damit die entstandene Start-up-Mentalität zunutze. Die Energie aus 100%iger Verantwortung für ein Thema sowie der Druck, Ziele zu erreichen, bilden den Nukleus einer sich ausbreitenden, neuen Unternehmenskultur: „Nach der Investitionsrunde ist vor der Investitionsrunde". Es ist nicht das Tragen von Turnschuhen oder das Arbeiten auf Sitzsäcken.

Doch bei allen betriebswirtschaftlichen Vorteilen, die ein solcher Unternehmens- Risikokapital-Ansatz mit sich bringt, ist es natürlich ein großer Schritt für die Mitarbeiter, die im Zentrum eines solchen Ansatzes stehen und den wesentlichen Erfolgsfaktor bilden. Denn bei aller Liebe, die wir für den Flair der neuen Arbeitswelt und die Start- up-Szene empfinden, birgt der

Schritt vom geregelten Arbeitstag eines Angestellten hin zum internen Gründer doch auch diverse Risiken. Ein weitgehend ungefährdeter rollenbasierter Job gibt jedem Mitarbeiter eben große emotionale Sicherheit. Ein internes Start- up zu gründen ist ein Schritt aus der Komfortzone in eine Unsicherheit – selbst wenn diese im Vergleich zur Gründung eines echten Start-ups ohne Fallschirm deutlich überschaubarer ist. Ein solcher Sprung muss mit entsprechenden Anreizsystemen kompensiert werden, um eine ausreichende Anzahl an internen Missionen zu aktivieren. Hier bedient sich FLEAT diverser Anreiz-Module, die spezifisch für jedes Unternehmen konfiguriert werden können.

Job-Garantie auf Zeit

Jede Mitarbeiterin, die die Leitung für eine neue *Mission*, also ein *Floß*, übernimmt und damit ihre bestehende Rolle im Unternehmen hinter sich läßt, bekommt die Zusage, sechs Monate nach diesem Schritt zurück auf ihren regulären Job wechseln zu können. Natürlich stellt das Freihalten dieser gründungsbedingten Vakanzen eine enorme Belastung für die Bestands-Organisation dar, doch dieses Commitment muss als Preis für die erfolgreiche Zukunft des Unternehmens betrachtet werden – und ist dafür ein denkbar kleines Opfer. Schon heute sind wir in der Lage, Sabbaticals und Elternzeiten zu managen.

Anteile und echte Eigentümerschaft

Jeder Mitarbeiter, der für ein frisch gegründetes *Floß* die Sicherheit seines Jobs hinter sich lässt, erhält Anteile, also eine finanzielle Erfolgsbeteiligung, an dieser Initiative. Diese kann er einlösen, sobald die *Mission* profitabel ist, also kein Fremdkapital mehr konsumiert und einen definierten Mindestumsatz liefert. Millionen-Exits sind somit ab jetzt auch innerhalb von Großunternehmen denkbar, auch wenn hier notwendigerweise die Möglichkeiten deutlich überschaubarer sind als auf dem freien Markt mit hohem Risikoeinsatz.

Kulturelle Vergütung

In einer Kultur, die vom Bewusstsein geprägt ist, dass nur ein professionell geleitetes Innovations-Portfolio eine erfolgreiche Zukunft sichern kann, erfahren interne Gründer eine große Wertschätzung und Sichtbarkeit. Ambitionierte Karrierepfade lassen sich in solchen Umfeldern deutlich leichter realisieren, wenn man erfolgreich eine Initiative aus dem Nichts zum vollen Erfolg geführt hat. Die Gestaltungsfreiheit und Lernmöglichkeiten sind für manche der stärkste Anreiz.

Transparenter Rahmen

Die neu gewonnene kreative Energie braucht einen transparenten und nachvollziehbaren Rahmen. Dieser wird gesetzt durch die Kommunikation der *Träume & Albträume* – kurze aktivierende Darstellungen zu den größten unternehmerischen Chancen und Herausforderungen für das Unternehmen. Aus der Vielzahl der sich daraus abgeleiteten und eingebrachten Ideen werden je nach verfügbarem Investitionsvolumen neue *Flöße* finanziert und somit ins Wasser gelassen. Gemeinsam definierte Ziele zum Passieren des nächsten *Schleusentors* flankieren den Zeitraum bis zur nächsten Investitionsrunde und den damit verbundenen Übergang in den nächsten Bootstyp. Darüber hinaus finden turnusmäßige Abstimmungsrunden zwischen Investorinnen und Gründern und in späteren Phasen den Bootskapitänen statt. Zwischenzeitig herrscht volle Transparenz bezüglich der wichtigsten Kennzahlen der jeweiligen *Boote*. Regelmäßig anstehende Portfolioentscheidungen werden somit daten- und nicht nur meinungsgetrieben getroffen. Dabei ist der bewusste Untergang von *Booten* eine gewollte Begleiterscheinung des Modells. Die dadurch freiwerdenden Kapazitäten heuern auf anderen *Booten* an und werden dabei aktiv von der Organisation unterstützt.

Wie funktioniert das konkret?

Der wichtigste Eingriff bei der Umstellung auf das FLEAT-Modell ist mit Sicherheit die bewusste Verteilung des Budgets auf die verschiedenen Investitionsphasen und -quellen. In einer herkömmlichen Organisation entscheiden in der Regel die Ertrag bringenden Geschäftseinheiten maßgeblich über ihre interne Mittelverwendung. Über freie Mittel verfügt die Geschäftsleitung. Bei FLEAT entscheidet die *Flottenführung* über die Verteilung der Töpfe auf einzelne Investitionsphasen und -quellen. Die konkreten Investitionsentscheide trifft dann jeweils das Investmentkommittee eines Topfes oder einzelne Mitarbeiter bei Crowdfundings. Diese Umstellung stellt insofern einen nicht unerheblichen Eingriff in die aktuelle Budgetallokationslogik der Unternehmen dar, als sich damit auch die systemische Steuerungslogik des Unternehmens derjenigen eines Risikokapitalgebers angleicht. Die Menge an Investitionsbudget, die über die FLEAT-Steuerung zugewiesen wird, hängt dabei von dem Grad des Volumenreglers ab. Sollte der Volumenregler z. B. bei einer vorsichtigen Umstellung der etablierten Organisationsform zu FLEAT auf 20% gestellt worden sein, würden 20% der Investitionssumme des Unternehmens über den FLEAT-Mechanismus gesteuert werden.

Die Investitionssteuerung durch FLEAT hat mittelbar auch Einfluss auf das Finanz- und Rechnungswesen einer Firma. So lässt sich eine *Mission* mit Ende-zu-Ende-Verantwortung nur dann wirklich sauber hinsichtlich ihrer Kosten und Erträge betrachten, wenn eine genaue Zuordnung auf die entsprechende *Mission* auch im ERP-System abgebildet werden kann. Gerade in einer frühen Phase lässt sich diese Kosten- und Ertragsbetrachtung sicherlich noch mit vereinfachenden Lösungen bewältigen (z. B. Pauschalieren der Personalkosten pro Person). Mit einer zunehmenden Anzahl an *Missionen* und einer Erhöhung der Investitionsbudgets in *Missionen* wird dies aber zunehmend ungenau und im Hinblick auf eine Steuerung auch nicht mehr ausreichend scharf sein.

Ziel für das Finanz- und Rechnungswesen muss es daher sein, so früh wie möglich eine Umstellung der Gewinn- und Verlustrechnung auf *Missions*ebene zu ermöglichen. Die damit einhergehende Komplexität ist dabei zugunsten der Ende-zu-Ende-Verantwortung der *Missionen* abzuwägen.

Friederike und ihre Flotte

Mit der Transformation der KOI Gruppe hin zu einer agilen *Flotte*, gelingt es Friederike und ihrer *Mannschaft* Agilität auf Organisationsbreite zu skalieren. Die Anzahl der Innovationsinvestitionen ist durch die Einteilung in eigenständige Geschäftseinheiten um ein Vielfaches gestiegen. Durch die Kommunikation der strategischen *Träume & Albträume* enstanden neue Geschäftideen, die (ähnlich wie die Hologrammkamera) neue Marktanteile sicherstellen. Natürlich sind auch verschiedene Initativen gesunken. Die Verluste werden dennoch durch den Erfolg der bestehenden *Missionen* übertroffen.

Die eigenständigen Geschäftseinheiten profitieren sowohl auf der wirtschaftlichen, als auch auf der kulturellen Ebene: Transparenz, Agilität, Ende-zu-Ende-Verantwortung und Autonomie haben nicht nur die Innovationskraft der KOI Gruppe auf die nächste Ebene gehoben. Vom Unternehmen zur agilen *Flotte* – in allen relevanten Dimensionen.

Konkrete Investitionsstruktur

> „Make sure to save for the future and keep making money!“
>
> — *JAM MASTER JAY*

Grundsätzlich orientiert sich FLEAT an einer klassischen Investitionslogik von Risikokapitalgebern und verwendet folgende Investitionstypen: Startfinanzierung, Frühfinanzierung, A-Serie, B-Serie, C-Serie. Diese Investitionstypen werden den verschiedenen *Bootstypen* entsprechend zugeordnet:

- Startfinanzierung – *Startbahn*
- Frühfinanzierung – *Floß*
- A-Serie – *Ruderboot*
- B-Serie – *Dampfschiff*
- C-Serie – *Dampfschiff* mit extrem hohem Potenzial

Für jede der einzelnen Phasen muss sich ein Unternehmen eine maximale Investitionssumme überlegen. Dies dient in erster Linie dazu, die minimale Anzahl an Investitionen in der entsprechenden Phase vorzugeben. Auf der anderen Seite erhält man durch Streuung der Investitionssumme auch eine Verteilung des Investitionsrisikos.

Unabhängig davon, wie lange die einzelnen Investitionsrunden angelegt sind, sollten sich Initiatorin und Investmentboard ab der A-Serie in quartalsweisen Abständen treffen, um den Fortschritt der Mission zu besprechen.

Startfinanzierung

Im Rahmen der *Startbahn* muss das Unternehmen sicherstellen, dass für alle Initiativen kleinere Budgets zur Verfügung stehen, um z. B. eine mögliche Visualisierung von Prototypen, das Aufbereiten von Präsentationen etc. zum Ende der *Startbahn* zu erleichtern. Aufwendungen in der Phase der Startfinanzierung sollten nicht als Investition betrachtet werden, sondern dienen der Befähigung von Mitarbeiterinnen und Organisation. Eine Zuweisung auf einzelne Ideen bietet sich in dieser Phase aus Komplexitätsreduktionsgründen nicht an. Mitarbeiterinnen sollten durch die Startfinanzierung eher befähigt und ermutigt werden, ernsthaft an ihrer Idee weiterzuarbeiten – zumal sie dies in dieser Phase (meist ausschließlich) parallel zu ihrer eigentlichen Arbeit vorantreiben. Dies alleine ist ein Teil des Auswahlverfahrens. Wer wirklich von einer Idee überzeugt ist, hat die Motivation, den nicht unerheblichen Mehraufwand zu investieren. Das Gründerteam kann auf das Budget zugreifen, sobald eine bestimmte Anzahl an Kollegen die Idee unterstützenswert findet.

Ideen werden nach dem erfolgreichen Durchlauf durch die *Startbahn* vor einem vom Unternehmen zu definierenden „Investitionsboard" vorgetragen (sog. Investoren-Pitch). Dieses Investitionsboard besteht in jedem Fall aus dem jeweiligen *Flottenkapitän* (in der Regel dem Geschäftsführer) und von diesem zu definierenden weiteren Personen. Andere Quellen der Investition für die erste Phase können auch andere Töpfe sein – oder Mini-Investments (Crowdfunding) durch andere Mitarbeiter.

Der Pitch des Mitarbeiters beinhaltet alle im Rahmen der *Startbahn* zusammengetragenen Informationen (Business Model Canvas, Nutzenversprechen, Grobkonzept und Wirtschaftlichkeitsrechnung) und muss zudem zwingend den Investitionsantrag für die Frühfinanzierungsphase enthalten.

Frühfinanzierung

Eine Frühfinanzierung wird für die *Flöße* getätigt. Hierbei haben sich durch die *Startbahn* bereits die erfolgversprechendsten *Missionen* herauskristallisiert und müssen jetzt im Hinblick auf individuelle Ziel- und Zeitvorgaben und auf die Investitionssumme bestimmt werden. Wichtig ist hierbei, dass Investitionssummen in der Frühfinanzierung einen für das Unternehmen moderaten Charakter nicht überschreiten dürfen, um ein „Untergehen-Lassen" der *Mission* nach der *Floß*-Phase mutig in Erwägung ziehen zu können. Gerade deshalb ist es in der Frühfinanzierungsphase wichtig, dass die Ziel- und Zeitvorgaben sehr konkret in Hinblick auf die Fortführbarkeit der Mission eingehalten werden und nur dann die Weiterführung als *Ruderboot* in Betracht kommt. Während von der Start- in die Frühfinanzierung noch eine breite Anzahl an Ideen und Initiativen wünschenswert ist, kommt es nach dieser Phase in der Regel zu einer spürbaren Reduktion der *Missionen*. Dies ist sogar wünschenswert, damit in der A-Serie signifikantere Investitionen getätigt werden können.

Während am Ende der Startfinanzierung nur eine Weiterführung der Idee/Initiative auf dem Spiel stand, ist die Entscheidung im Investoren-Pitch am Ende der Frühfinanzierung von einem deutlich höheren Investitionsvolumen geprägt. Eine *Missionsleiterin* (*Kapitänin*) wechselt mit der Genehmigung der A-Serie in Vollzeit und gibt ihren alten Job auf.

A-Serie

In der Phase des *Ruderboots* werden nun Mitarbeiter aus der Organisation für die *Mission* angeheuert. Die Phase wird einen, in Bezug auf die Vorphasen betrachtet, deutlich längeren Zeitraum gewährt bekommen, um die definierten Erfolgskriterien zu erreichen.

In dieser Phase existieren in der Regel nur noch rund 15-20% der *Flöße*. Die Investoren werden daher deutlicher auf die Erfüllung der Kern-Kennzahlen (Geldverbauchsrate, Umsatzlinie, Einnahmen im Vergleich zum Plan) achten und in den Quartalstreffen zur Sprache bringen. Der Erfolg der *Mission* sollte in dieser Phase bereits durch Marktfeedback, im besten Fall durch erste (zahlende) Kunden bestätigt sein. Ein wichtiges Ziel für die Erreichung der nächsten Investitionsstufe ist daher auch, wie die Skalierung dieser Kundenbasis in ein Volumengeschäft möglich ist.

Ein Scheitern der *Mission* in dieser Phase wird für alle Beteiligten (Investorinnen und Mitarbeiter) einen nicht unerheblichen Einfluss auf ihr Arbeitsumfeld haben. Daher ist es umso wichtiger, das vereinbarte *Schleusentor* ganzheitlich zu betrachten und eine Zwischenfinanzierung bei einer moderaten Kennzahlenlage in Erwägung zu ziehen. Dies sollte jedoch nur im Einvernehmen der Investoren geschehen. Grundsätzlich sollten die *Schleusentore* streng und konsequent durchgezogen werden.

B-Serie und C-Serie

Investorinnen und Teams sind in der Zwischenzeit sehr eingespielt. Die neuen *Mannschaften* haben inzwischen einen Personalkörper, der (abhängig von der Unternehmensgröße) bis zu 150 Mitarbeiter betragen kann. In der B-Serie werden nun Investitionen nur noch auf wenige *Boote* gesetzt. Die Investitionen dienen nun vor allen Dingen dazu, das *Dampfschiff* bei der Generierung eines kontinuierlichen Zuflusses an Kunden und Umsätzen zu unterstützen. Sollten die Leistungskennzahlen in dieser Phase im normalen Umfang erreicht werden, hat sich eine vollwertige Unternehmenseinheit gebildet, die nunmehr ohne weitere Finanzierung der Investoren auskommt.

Einen Sonderfall stellt hierbei die Situation dar, in der eine *Mannschaft* ein Geschäftsmodell entwickelt hat, das ungewöhnlich gute Kennzahlen hinsichtlich der Marktleistung erreicht. Hier sollte das Unternehmen in Erwägung ziehen, eine C-Serie-Investition zu tätigen, um das volle Momentum im Markt über sportliche Kennzahlen, aber auch hohe Investitionen zu verproben. Ziel dieser Sonderform ist es, die Marktkapazität zu verproben. Hier können auch wieder kürzere Investitionsrunden anberaumt werden, die dabei helfen, das Risiko zu minimieren.

Normalbetrieb

Nach der letzten Investitionsrunde vereinbaren die *Kapitänin* und die Investoren einfache Leistungskennzahlen entlang der Unternehmensrichtlinien. Hierbei wird festgehalten, wie hoch der Betrag ist, der an die Investoren zurückfließen soll und welcher Teil gespart wird. Gerade für den Normalbetrieb kann es durchaus sinnvoll sein, die *Mannschaft* – auch in der *Flotten*führung – auszuwechseln. Zahlreiche Praxisbeispiele zeigen, dass „Gründerinnen" sich oft nicht für die Weiterführung des Bootes im Normalbetrieb eignen oder interessieren. Das Unternehmen sollte derartige Personalien auch proaktiv adressieren und die „Gründerinnen" zu einem Wechsel auf andere *Boote* ermutigen.

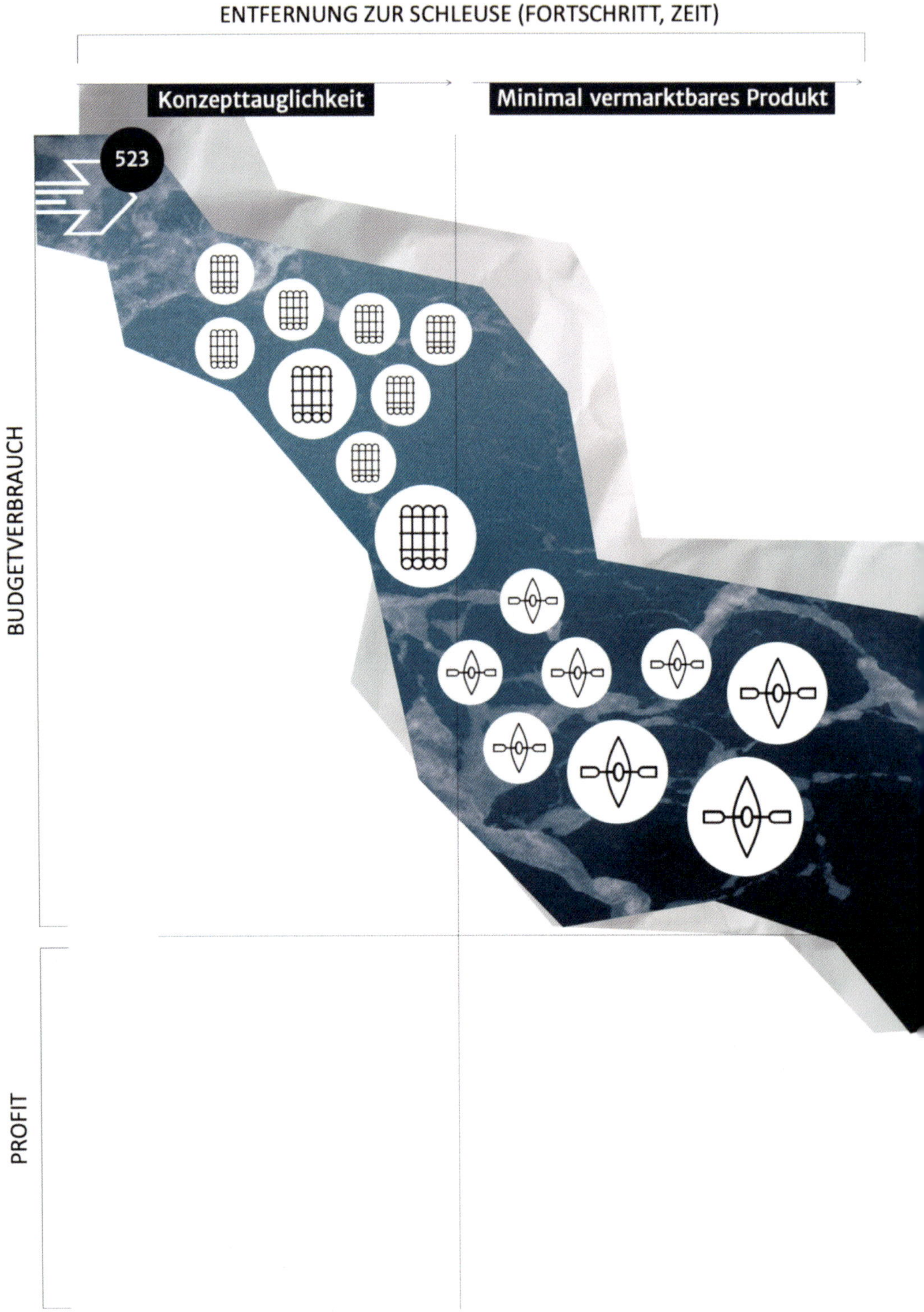
ENTFERNUNG ZUR SCHLEUSE (FORTSCHRITT, ZEIT)
Konzepttauglichkeit
Minimal vermarktbares Produkt
523
BUDGETVERBRAUCH
PROFIT

Steigendes Wachstum

Sinkendes Wachstum

PROGRESS
Zielerreichung

KENNZAHLEN
- Umsatzwachstum
- Marktdurchdringung
- Operatives Ergebnis
  Kundensubstanz
- Kundengewinnungskosten

Wagnisse

„Pass auf mit dem Schlauchboot!“

— *MICHAEL BRODY IN DER WEISSE HAI 3*

FLEAT macht Unternehmen agil, innovativ und zukunftsfähig. Allerdings lauern auch einige Gefahren.

Unternehmen unter gemeinsamer Flagge

Eines der Grundprinzipien von FLEAT lautet „Autonomie über Synergie". Es ermöglicht große Agilität für *Mannschaften* und *Kapitäninnen*. Autonomie kann aber auch dazu führen, dass die einzelnen *Boote* den Zusammenhang mit der *Flotte*, dem Gesamtunternehmen, verlieren. Das Veröffentlichen der *Träume & Albträume* baut dieser Gefahr vor. Sie hilft, die Vision des Gesamtunternehmens der ganzen Flotte verständlich zu machen und sie auf den gemeinsamen Zweck auszurichten. Wichtig ist auch: Die *Boote* agieren autonom, aber im Austausch mit allen anderen. Die Ziele der einzelnen *Boote* und ihre Beiträge zum Ziel aller sind transparent. Das stärkt den Zusammenhalt.

Komplexität handhaben

Organisationen haben den Zweck, Komplexität zu reduzieren. Die interne Bürokratie soll sicherstellen, dass Prozesse funktionieren und immer wieder das gleiche Ergebnis generieren. Traditionellerweise hat bisher in Bezug auf die Kunden die Devise gegolten: eine Qualität für alle.

Heute erwarten Privat- und Geschäftskunden jedoch Individualisierung und regelmäßige Innovation. Das erhöht die Komplexität. Damit müssen Unternehmen umgehen. FLEAT schafft dafür den Rahmen, weil es nicht bürokratisch einengt, sondern Freiräume schafft, um Komplexität zu meistern.

Widerstände

FLEAT ist von Beginn an attraktiv für Innovatorinnen und frühe Anwender. Die Mehrheit der Menschen in der Organisation wartet aber erst einmal ab, wie sich das Ganze entwickelt. Sie ist am Anfang entweder indifferent oder skeptisch. Manche lehnen es auch rundweg ab mitzumachen. Skepsis und Ablehnung muss man respektieren und die Mehrheit nach und nach gewinnen mit erfolgreichen Beispielen der frühen Anwender, die zeigen, welche Vorteile FLEAT allen bietet – und mit anschaulichen, verständlichen Bildern und Metaphern.

Die Wertschätzung jedes Einzelnen ist ein wesentlicher Faktor für den nachhaltigen Erfolg. Innerhalb von FLEAT holen sich Mitarbeiterinnen bei Bedarf und in regelmäßig unregelmäßigen Abständen Einschätzungen ihrer Kolleginnen oder Führungskraft zur geleisteten Arbeit sowie den wahrgenommenen Begabungen ein. Gleichzeitig ermöglicht FLEAT allen, sich in notwendigen Fähigkeiten weiterzubilden. Im Zentrum steht das Lernen „on the job".

Marke und Kundenwahrnehmung

Eine heterogene *Flotte* erzeugt ein anderes Markenbild als ein homogenes *Kreuzfahrtschiff*. FLEAT trägt einer diversen Umwelt Rechnung. Die Komplexität der Märkte spiegelt sich im *Flottenverbund* wider. Solange die *Flotte* als Verbund fährt, führt sie die Dachmarke weiter. Jedes Boot hat sie im gemeinsamen Interesse zu pflegen.

Konkurrenz

Erfolgreiche *Kapitäne*, inspirierende *Missionen* und erfolgreiche *Boote* werden Mitarbeiter anlocken. Ein interner Wettbewerb um die besten Mitarbeiterinnen ist möglich. Auch beim Kunden können mehrere Teams zur gleichen Zeit mit ihren Angeboten aufschlagen. Verhaltensregeln, die für *Kapitäninnen* und *Mannschaftsmitglieder* gleichermaßen gelten, geben klare Leitlinien für die interne Konkurrenz um Mitarbeiter, Ressourcen und Kunden.

Dimensionen einer Transformation

Relevante Dimensionen

„Everyone designs who devises courses of action aimed at changing existing situations into preferred ones."

— *HERBERT A. SIMON*

Innerhalb einer Unternehmensstruktur existieren mindestens drei Dimensionen, die erfolgsentscheidend für die Transformation im Gesamten sind: Organisation, Menschen und Infrastruktur.

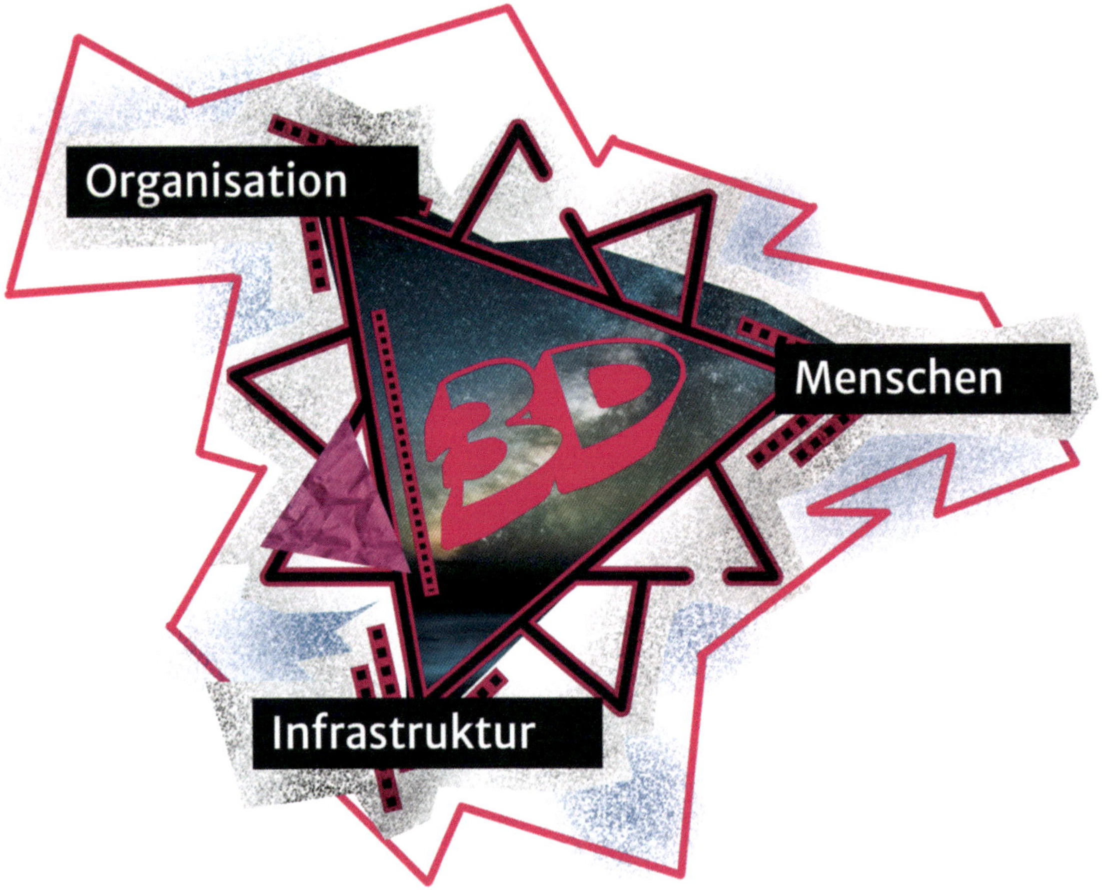

Häufig arbeiten Unternehmen nur an einer Dimension, um den Herausforderungen der Transformation gerecht zu werden. Eindimensionale Maßnahmen können zwar kurzfristig großen Enthusiasmus wecken, langfristig bewirken sie aber kaum Verhaltensänderungen. Erst durch den Dreiklang aller Dimensionen wird echte Veränderung möglich.

Beispielsweise befassen sich viele der Transformationsinitiativen im Kern mit der Digitalisierung von bis dato analog durchgeführten Prozessen: Die Einführung einer Software allein führt dabei nur sehr selten zum angestrebten Zustand. Die Mitarbeiterinnen müssen Zweck und Mehrwert der Neuerung erkennen und mitgestalten. Da mitunter bestehende Strukturen und Standards der Nutzung neuer Software im Weg stehen können, gilt es im Rahmen der Transformation auch die dritte Dimension der Organisation zu berücksichtigen und gegebenenfalls anzupassen.

FLEAT setzt den Rahmen für die Abstimmung der Transformationsdimensionen Organisation, Mitarbeiter und Infrastruktur. Rechtliche Vorgaben fließen darin ebenso ein, wie individuelle Überzeugungen, kulturelle und organisationale Besonderheiten.

FLEAT beschreibt die Zukunft des Organisationsdesigns: adaptiv, kontextuell und fokussiert auf Visionen und Herausforderungen zu reagieren – gestützt auf ein Regel- und Wertesystem, das Autonomie, Zweck und Potenzial in den Mittelpunkt rückt (vgl. Doshi & McGregor, 2015). Die Balance zwischen Geschäfts- und Menschperspektive ist ideal austariert. Die im Folgenden dargestellte Einführungsarchitektur berücksichtig eben diese relevante Mehrdimensionalität.

Vom Unternehmen zur agilen *Flotte* – und damit zur zukunftsfähigen Organisation.

Die methodische Einführungsarchitektur

„Der Haken ist, man kann ein so großes Boot eben nicht abrupt stoppen."

— *JONESY IN „JAGD AUF ROTER OKTOBER"*

Häufig erkennt man zu spät, dass eine Veränderung dringend notwendig ist. Je größer die notwendige Anpassung an veränderte Umweltbedingungen ist, desto mehr Kraft muss aufgebracht werden, um sie durchzuführen – Energie, die dann für den eigentlichen Unternehmenszweck fehlt.

Insbesondere etablierte, laufende Unternehmen können bei veränderten Rahmenbedingungen nicht einfach die Stopp-Taste betätigen, um Prozesse und Abläufe neu zu starten. Große Veränderung bedeutet immer Unsicherheit – sei es wirtschaftlicher oder psychologischer Natur. Kleine Veränderungen verteilen das Risiko.

FLEAT ermöglicht eine sukzessive Transformation, die auf dem Gedankengut der Experimentierfähigkeit basiert. Statt Muskeln an Stellen aufzubauen, wo sie nicht benötigt werden, trainiert man in zahlreichen Experimenten organisationale Reflexe. Diese kurzfristigen, fast automatisierten Reaktionen auf Veränderungen ersparen den großen Kraftakt.

> „Der wirtschaftliche Erfolg von Unternehmen, die in der digitalen Welt nicht experimentierfähig sind, ist zufällig. Darum ist Experimentability die wichtigste Management-Ressource in einer digitalen Welt."
>
> — *(FEHR, 2019)*

Sukzessive Transformation ersetzt den Big Bang

Sukzessive Transformation bedeutet, in vielen Iterationen mutige Experimente zu wagen, daraus zu lernen und Reflexe zu trainieren. Kleine Veränderungen werden schnell zur Gewohnheit. Große Paradigmenwechsel, Veränderungen und vielleicht sogar komplette strukturelle Neuausrichtungen ergeben sich organisch aus zahlreichen kleinen Veränderungen. Wir sprechen hier von *Roll in* statt Roll out. Doch wer Experimente angehen möchte, braucht Zeit, Geduld, aber vor allem Mut. [siehe Kapitel „Überzeugungen hinter dem Modell“, Abschnitt „Mutkultur“]

Bei FLEAT setzen wir einerseits auf eine ko-kreative Ausgestaltung des Rahmenwerks gemeinsam mit den Mitarbeiterinnen und wählen andererseits kontextuell ausgewählte Ansatzpunkte. Dadurch wird FLEAT zu einem individuell adaptierten Organisationsdesign, das sowohl kulturelle als auch strukturelle Eigenheiten einer jeden Organisation berücksichtigt. Das Wechselspiel aus internen und externen Einflüssen und Gemeinsamkeiten stellt die Basis der sukzessiven Transformation dar.

FLEAT einzuführen, erscheint auf den ersten Blick als große Herausforderung. Tatsächlich lässt sich die Einführung in folgender Übersicht zusammenfassen:

- Auswahl der ersten internen Zielgruppe
- IST-Analyse (wo steht mein Unternehmen auf dem Weg zur organisationsweiten Agilität?)
- Zukunftsmodell (was ist das angestrebte Zielbild?)
- Entwicklung der strategischen *Träume & Albträume*
- Entwicklung der notwendigen Infrastruktur
- Aktivierung und On-Boarding der ausgewählten Belegschaft inklusive Publikation der *Träume & Albträume*
- Durchlaufen der ersten *Startbahn* mit hoher Betreuung
- Erste Pitch-Runde mit anschließendem Zu-Wasser-Lassen der ersten *Flöße*
- Sukzessive: Einbeziehen weiterer Geschäftsbereiche und interner Zielgruppen
- Sukzessive: Einteilen der gesamten Organisation auf FLEAT

IST-Situation – Interviews und Schmerzanalyse

Die Einführung eines neuen Organisationsmodells ohne grundlegendes Verständnis der aktuellen Struktur ist wie Segeln ohne Karte. Doch selbst bestehende Organigramme bilden komplexe Unternehmensrealitäten nur unzureichend ab. Mittels evidenzbasierter Methoden lässt sich ein Grundverständnis der bestehenden Organisation entwickeln. So können unternehmensspezifische und kulturelle Eigenheiten berücksichtigt und passende Lösungsansätze für die bestehenden Herausforderungen aufgezeigt werden.

Bewährt haben sich hier kontextuelle Tiefeninterviews mit einer heterogenen Gruppe (divers in Hierarchie, Expertise, Share- und Stakeholdergrad). Dadurch brechen bestehende Muster auf. Mit frischen Erkenntnissen lässt sich dann ein realistisches Abbild der aktuell wahrgenommenen Organisationstruktur und ihren Eigenheiten zeichnen.

Auf Basis dieser kontextuellen Interviews entsteht eine evidenzbasierte Problemdefinition, die die entscheidendsten Spannungsfelder innerhalb der Organisation aufzeigt. In einer dafür speziell konzipierten Schmerzanalyse werden Mitarbeiter aus unterschiedlichen Funktionsbereichen und Hierarchieebenen angeleitet, die Problemfelder in ihren Ausprägungen zu verdichten und zu priorisieren.

Lösungsansätze basieren somit auf den zugrundeliegenden Schmerzpunkten des Unternehmens und dem damit verbundenen Grundverständnis der **Ist-Situation.** Dies ist der Ausgangspunkt für einen gemeinsamen Blick in die Zukunft und die Fragestellung: „*Wie soll die Organisation in fünf Jahren aussehen? Wie tragen Geschäfts- und Personalinitiativen gemeinsam zu einem langfristigen Unternehmenserfolg bei?*"

Zukunftsmodell – Der erste Schritt in die neue Richtung

Eine Vision muss emotional, fantasiereich und grenzenlos gedacht sein. Denn nur so wird auch die angestrebte Transformation ähnliche Kulturveränderungen nach sich ziehen. Eine zu enge Vorgabe reduziert den Möglichkeitsraum.

Spielerische Methoden setzen implizites Wissen und unbewusste Emotionen frei, die in klassischen Diskussionen oder traditionellem Brainstorming verdeckt bleiben. Ziel ist es eine Vision zu skizzieren, die nicht das kleinste sondern das größte gemeinsame Vielfache darstellt. Persönliche Differenzen, klassische Grenzen wie Hierarchie, Logistik, Budget o. ä. werden abgelegt und Blockaden minimiert. In diesem Teil des *Roll-Ins* gestalten Teilgeber einer veränderungswilligen Einheit des Unternehmens die entscheidenden Komponenten von FLEAT aus und stimmen sich gemeinsam auf die Transformation ein.

Die Transformation zum neuen Organisationsdesign beginnt in einem eigenständig und unabhängig existierenden Geschäftsbereich. Dadurch wird die Sukzession in mehreren Iterationen gewährleistet.

Ansatz 1: Sukzessive Transformation und das erste *Floß*

Um einen kontextuellen Rahmen zwischen Projekt und Business herzustellen, kommuniziert das Top-Management des Bereiches zu Beginn von FLEAT dessen *Träume & Albträume*. Diese bilden den strategischen Handlungsrahmen, innerhalb dessen Mitarbeiter aufgefordert werden, Lösungsideen zu generieren. Die Aktivierung der Mitarbeiterinnen wird mittels individuell auf den Bereich abgestimmter Kommunikationskampagnen unterstützt und befeuert.

Parallel zu dieser Ideengenerierung wird gemeinsam mit dem Management des Bereichs analysiert, welche Einheiten bereits auf den gesetzten Handlungsrahmen einzahlen. Solche Einheiten werden hinsichtlich einer eindeutigen Ende-zu-Ende-Verantwortung ausgerichtet und im Sinne der *Boote*-Metapher klassifiziert (z. B. „*Kreuzfahrtschiff*" mit Relevanz für das Bestandsgeschäft) und mit klaren Zielvorgaben ausgestattet. [siehe Kapitel „Was ist FLEAT?" und den unteren Abschnitt „KOI – Umstellung auf FLEAT"]

Mitarbeiter, die während der *Startbahn* auf sich aufmerksam gemacht haben, werden begleitet, die spezifischen Prozessmeilensteine zu erreichen. Sie erhalten für ihre Idee allumfassende Verantwortung und dadurch die Möglichkeit, ihre unternehmerischen Potenziale für den Erfolg der Organisation einzubringen. [siehe Kapitel „Startbahn"]

Ein derartiger Eingriff in den gewählten Unternehmensbereich hat zur Folge, dass neben einigen bereits bestehenden Initiativen (*Booten*) eine kleine aber stetig wachsende Anzahl neuer *Flöße* entstehen wird. Der Gesamtbereich wird somit nach der ersten Phase in mehrere kleinere Einheiten unterteilt sein, die autonom und zweckorientiert an disruptiven und nachhaltigen Ideen arbeiten, die das Geschäftsmodell zukunftsorientiert in neue Gewässer steuern.

Ansatz 2: Primärorganisation organisiert sich nach FLEAT

> „Wer als Werkzeug nur einen Hammer hat, sieht in jedem Problem einen Nagel."
>
> — *PAUL WATZLAWIK*

Jedes Rahmenwerk kann nur bis zu einem begrenzten Rahmen die Eigenheiten einer Organisation abbilden. Für die Einführung von FLEAT erzielen wir mit dem Zusammenarbeitsmodell der gemeinsamen Entwicklung, der Ko-Kreation, hervorragende Ergebnisse. Über kurze Iterationen von „Testen – Messen – Lernen" werden dabei bislang traditionell strukturierte Einheiten der Organisation in FLEAT überführt und an den entsprechenden Stellen angepasst.

Analog zum *Roll-In* der einzelnen Einheit beruht dieser parallele Ansatz auf der IST-Analyse der gesamten bestehenden Organisation. Ergänzend zu dem bereits beschriebenen Vorgehen wird hier der Fokus auf die Struktur gelegt. Die Unternehmensorganisation wird auf mindestens 9 Eckpfeilern (vgl. Dignan, 2019) analysiert:

- Struktur & Raum
- Autorität & Entscheidung
- Information & Kommunikation
- Recht & Führung
- Sinnhaftigkeit & Werte
- Sitzungen, Rhythmus & Koordination
- Strategie & Innovation
- Ressourcen, Verteilung, Ziele & Budget
- Menschen, Entwicklung & Motivation

In FLEAT wird die Organisation schrittweise auf eine klare Produkt-/ Service- und Kundenorientierung in eigenständige Geschäftseinheiten ausgerichtet. Dem Reifegrad entsprechend, werden diese Einheiten in die Bootestruktur übertragen. Wie bereits beschrieben entstehen dadurch *Kreuzfahrtschiffe*, die eine klares Bestandsgeschäft verantworten, *Dampfschiffe*, die eine gewisse Marktreife und Marktanteil sicherstellen, aber auch *Flöße*, die für neue Innovationen stehen, die erprobt werden sollen. Hinter jedem *Boot* steht eine *Mannschaft*, die entweder bereits zusammengearbeitet hat oder sich durch die Struktur neu formiert wurde. In beiden Fällen bringt die Transformation bekannte Veränderungen in Führungsstil, Ende-zu-Ende-Verantwortung oder Zusammensetzung mit sich.

Individuelle Adaption in der Primärorganisation

Um jedem Boot einen idealen Kickstart in das Organisationsdesign der Zukunft zu ermöglichen werden ko-kreative Workshops geplant, in denen jede

Mannschaft gemeinsam das Soll-Bild der oben aufgeführten Eckpfeiler definiert.

Durch die klare Aufteilung der Themencontainer gestaltet die jeweilige *Mannschaft* ihr eigenes Arbeitsmodell, das sie zu jeder Zeit und insbesondere beim Phasenwechsel als Referenz oder Optimierungspotenzial nutzen kann. So wächst aus einem *Floß* auf einer *Mission* mit jeder nächsten Phase eine größer werdende, unabhängig geführte Einheitsstruktur heran. Dabei existieren ebenfalls klare Vorgaben, die durch die *Schleuse* mit dem Investor führen (wie z. B. *Schleusentor*, Ziele, Investment, Dauer).

Die kulturellen und strukturellen Grundüberzeugungen, auf denen FLEAT beruht und diese Evolution der *Missionen* erst ermöglichen, werden im Nachgang eingehend erläutert.

Die Transformation von KOI

KOI – Umstellung auf FLEAT

Die KOI Gruppe führte vor drei Jahren erfolgreich FLEAT ein und transformierte sich zur agilen Flotte. Blicken wir zurück: Friederike, Geschäftsführerin von KOI, durfte vor einigen Jahren miterleben, wie ihr Unternehmen sich von einem etablierten Fotokamera-Hersteller zum Marktführer im Bereich der Digitalfotografie wandelte. Als damalige Leiterin des Digitalbereichs eröffnete sich für sie die Chance Geschäftsführerin zu werden. Mit dem Wechsel in die neue Position stellte sie fest, dass die kurzen Berichtswege und flachen Hierarchien ihres vorherigen, agil aufgestellten Bereichs im Gesamtunternehmen noch kaum Anwendung fanden. Getrieben von dem Wunsch, die bisher isolierte Agilität unternehmensweit auszurollen, stößt sie bei ihrer Suche auf

FLEAT. Die Bilderwelt leuchtet ihr sofort ein. Die KOI Gruppe soll neu ausgeflaggt werden.

Ihr vorheriger Geschäftsbereich „Digitalkamera" bot sich, durch die Erfahrungen mit agilen Methoden und einem rentablen Geschäftsmodell, für die Einführung von FLEAT gut an.

Um die gegenwärtige Organisationsstruktur der eigenständigen Einheit „Digitalkamera" zu ergründen, führten die Berater zahlreiche *kontextuelle Interviews* mit einer heterogenen Gruppe aus unterschiedlichen Hierarchie- und Funktionsstufen durch. Die unterschiedlichen Wahrnehmungen, Erfahrungen und Eindrücke führten zu einem ganzheitlichen, fundierten Verständnis der bestehenden Herausforderungen, Probleme und Missstände. Ein hoher Prozentsatz der befragten Mitarbeiter konnte die Strategie kaum oder unzulänglich erklären. Einige Organisationsteilnehmer kannten nicht einmal Teile daraus. Ein Freiraum für kreatives Denken war nicht wahrnehmbar und die Arbeitsauslastung wurde als generell zu hoch eingestuft. Vielen Mitarbeitern war der Mehrwert ihres eigenen Beitrags völlig unklar.

Problemdefinition

Die Unternehmensstrategie und die damit verbundenen Ziele waren außerhalb der Geschäftsführung nicht bekannt oder verständlich. Da ihnen das langfristige Ziel nicht bewusst war, hatten die Mitarbeiter das Gefühl, keinen relevanten Beitrag zu innovativeren Ansätzen zu leisten. Diese Erkenntnisse trafen Friederike hart.

Zukunftsbild

Im nächsten Schritt erarbeitete die gleiche Gruppe ein gemeinsames Zukunftsbild. Das so entstandene Modell beschrieb die visionäre Organisationsstruktur des Bereichs in fünf Jahren und diente als Orientierungspunkt für die darauffolgende Erarbeitung der Spannungsfelder. Für den Bereich „Digitalkamera" zeigten sich bedeutsame Stellhebel in den Bereichen:

- Transparenz,
- Autonomie,
- Sinnhaftigkeit,
- strategische Kommunikation,
- Zusammenarbeit.

Diese Erkenntnisse, die Problemdefinition und der Wunsch nach einer innovativeren Kultur zeigten einen klaren Einstiegspunkt in FLEAT.

Die transparente Offenlegung der *Träume & Albträume* der Unternehmensführung muss somit den strategischen Handlungsrahmen für disruptive und nachhaltige Innovationen vorgeben und so die Gründermentalität der Mitarbeiterinnen aktivieren.

Erste FLEAT Experimente

Im Rahmen einer unternehmensweiten Veranstaltung präsentierte Friederike ihre fünf größten strategischen *Träume & Albträume*. Diese wurden zusätzlich klar sichtbar für alle Mitarbeiterinnen an günstigen Orten (Kaffeebar, Aufzüge, Flure) mit großen Postern sowie im Intranet veröffentlicht.

Nach der Präsentation und Klärung aller Fragen rief sie die Mitarbeiter dazu auf, in den nächsten vier Wochen Ideen für mögliche Produkt- und Serviceentwicklungen zu sammeln und ebenfalls an das Poster zu hängen. Die Ideen sollten kurz beschrieben sein und es sollte klar herausgearbeitet sein, welche Skills und Ressourcen dafür benötigt werden. Nach den vier Wochen fand ein weiteres Event statt, bei dem Ideen präsentiert und ausgewählt werden sollten.

Leistungskennzahlen

3 Träume

2 Albträume

Wunsch: 15 Ideen

Ergebnis: Mitarbeiter steuerten 7 Ideen ein.

Da die vorher definierten Kennzahlen von 15 Ideen nicht erreicht wurden, war die Hypothese zu diesem Zeitpunkt falsifiziert.

Um weitere Maßnahmen und Experimente planen zu können, wurde das Experiment analysiert und neue Interviews und Beobachtungsstudien geplant.

Ergebnis: Nach der erneuten Forschungsphase wurden die Gründe für die Falsifikation der Hypothese deutlich. Die Mitarbeiter gaben folgende Gründe an:

- Bisher wurde auch nie etwas umgesetzt, warum sollte es sich jetzt ändern?
- Ich habe doch gar nicht die richtigen Fähigkeiten und weitere Ressourcen bekomme ich auch nicht.
- Ich traue mich nicht.
- Ich habe die Ziele nicht verstanden.
- Und das Ganze soll ich on top machen? Nein.

Daraus ergaben sich weitere Hypothesen, die in weiteren Experimenten überprüft wurden:

- Die Arbeitsbelastung der Mitarbeiter bietet keine Zeit, um kreativ / disruptiv zu werden.
- Wenn die Mitarbeiter die Autonomie und Freiheit haben, ihre Komfortzone zu verlassen und disruptiv zu denken, werden mehr disruptive Innovationen entwickelt.
- Wenn wir uns weiterhin an alte Strukturen und Muster klammern, dann schaffen wir keinen Raum für neue Ideen.
- Wenn bereichsübergreifende, fähigkeitenbasierte Zusammenarbeit und Potenziale gefördert werden, dann werden bisher unbekannte Ideen entwickelt und es entstehen neue Marktfelder.

Um breite Erkenntnisse zu gewinnen und die Kulturveränderung zu fördern, wurden mehrere Experimente parallel entwickelt und verprobt.

Experiment 1 überprüfte Thesen im Bereich der Kommunikation & Präsentation der *Träume & Albträume*. In **Experiment 2** erhielten Mitarbeiterinnen 10% ihrer Arbeitszeit zugesprochen, um sich mit Ideen für die Strategie zu beschäftigen. **Experiment 3** setzte am Problemfeld Transparenz an und führte im Intranet einen Versuch mit offen geteilten Fähigkeitsprofilen durch, um die Zusammenarbeit zu fördern.
Ergebnis: Nach vier Wochen wurden die Resultate der einzelnen Versuchsgruppen verglichen und bestätigte Hypothesen gesammelt:

- Die Arbeitsbelastung der Mitarbeiter bot keine Zeit, um kreativ / disruptiv zu werden.
- Wenn die Mitarbeiter Autonomie und die Freiheit hatten, ihre Komfortzone zu verlassen und disruptiv zu denken, wurden mehr disruptive Innovationen entwickelt.
- Wenn die KOI Gruppe weiterhin an alten Strukturen und Mustern festhielt, dann wurde kein Raum für Kreativität geschaffen
- Wenn bereichsübergreifende, fähigkeitenbasierte Zusammenarbeit und Potenziale gefördert wurden, dann wurden bisher unbekannte Ideen entwickelt und es entstanden neue Marktfelder.

Daher war die **Handlungsempfehlung** eindeutig:
Nur die Kommunikation der *Träume & Albträume* hätte keine kulturelle Veränderung hinsichtlich Innovation ermöglicht. Alte Denkmuster und Organisationsstrukturen hielten die Mitarbeiterinnen in ihren Bereichen gefangen und ihr Potenzial konnte sich nicht entfalten. Bereichsgrenzen sollten zumindest für einen Prozentteil der Arbeitszeit aufgelöst werden und so eine Kulturveränderung hervorrufen. Agile, fähigkeitenbasierte Teams befähigten sich gegenseitig und die Mitarbeiter entwickelten sich weiter. Zudem stieg das Innovationspotenzial um 120%.

Sukzessive Einführung in der gesamten KOI Gruppe
Der Geschäftsbereich „Digitalkamera" stellte beruhend auf den evidenzbasierten Erkenntnissen ihre strategische Unternehmenskommunikation durch FLEAT um und führte auch die unterstützende Plattform ein. Die Plattform bestand im Wesentlichen aus einem Marktplatz zur Kommunikation der Ideen sowie zur Vernetzung innerhalb der Organisation. Fortan wurden neue Ideen als *Flöße* über die *Startbahn* ins Wasser gelassen.
Die Mitarbeiterinnen des Bereichs entwickelte eine Anzahl an neuen Geschäftsideen. Einige entwickelten sich über die Zeit zu etablierten Geschäftsmodellen. Viele *Flöße* sanken aber auch nach kürzester Zeit, da sie die *Schleusentore* nicht passieren konnten.
Basierend auf diesem Erfolg stellte die KOI Gruppe ihre gesamte Organisation sukzessive, Einheit für Einheit, auf FLEAT um. Die *Mannschaften* entwickelten ihre Betriebssysteme in der jeweilige *Schleusenphase* stetig weiter und etablierten neue Geschäftsprozesse für ihre Einheiten.

Überzeugungen hinter dem Modell

FLEAT wurde aus dem Wissen heraus entwickelt, dass klassische Organisationsdesigns und Rahmenwerke nicht dazu geeignet sind, Unternehmen durch die Herausforderungen einer dynamischen und sich ständig verändernden Zukunft zu führen. Wir glauben, dass die Arbeitswelt von morgen nach völlig anderen Paradigmen funktionieren und radikal mit Bestehendem brechen muss. Bei der Entwicklung von FLEAT haben uns Überzeugungen inspiriert, die genau das versprechen: Eine nachhaltig erfolgreiche Zukunft.

Ende-zu-Ende Verantwortung

Unternehmerischer Erfolg liegt schon lange nicht mehr nur in der Verantwortung der Geschäftsführerin und des Top-Managements. Nur wenn unternehmerisches Denken und Handeln in der Geisteshaltung jedes Mitarbeiters verankert sind, können Unternehmen außergewöhnliche Erfolgsgeschichten schreiben.

Tradierte, effizienzgetriebene Unternehmen setzen in der Regel auf funktionale Organisationsdesigns. Die diesem Prinzip folgenden Strukturen verbinden alle leistungserbringenden Disziplinen in einer Matrixorganisation zu einer Hochleistungsmaschine. Der Nachteil dieses Designs ist, dass es keine Verantwortlichkeit für die gesamte Wertschöpfungskette über alle Disziplinen hinweg gibt. Im Ergebnis sind die Teilleistungen jeder einzelnen Disziplin für den jeweiligen Zweck perfekt ausgeführt, der Kunde erlebt in der Summe der Disziplinen aber kein perfektes Ergebnis. Wir sind daher der Überzeugung, dass es für exzellente Kundenerlebnisse klar definierte Ende-zu-Ende-Verantwortungen geben muss und diese nur über die funktionalen **Silos** hinaus entstehen können. [siehe Kapitel „Überspringen der Kluft"]

Ende-zu-Ende-Verantwortung wird somit zum entscheidenden Erfolgsfaktor, wenn der Zweck der betreffenden Organisationseinheit nicht mehr die maximal effiziente Abwicklung bestehender Routinen ist, sondern der Aufbau und die Skalierung völlig neuer Geschäftsmodelle. Denn hier geht es darum, markt-und kundenzentrierte Entscheidungen zu treffen, schnell auf sich verändernde Marktbedingungen einzugehen und agile Teams zu orchestrieren.

Ende-zu-Ende-Verantwortung zu übernehmen ist deutlich komplexer als die reine Prozessverantwortung, denn die Beteiligten müssen viel mehr Teilbereiche überblicken und verwalten. Transparenz als strenger Erfolgshebel des Organisationsdesigns FLEAT stellt die Gewährleistung der Verantwortung vom Anfang zum Ende sicher – es ist nicht mehr nur ein weicher Faktor, der vor allem auf soziale Strukturen bezogen wurde.

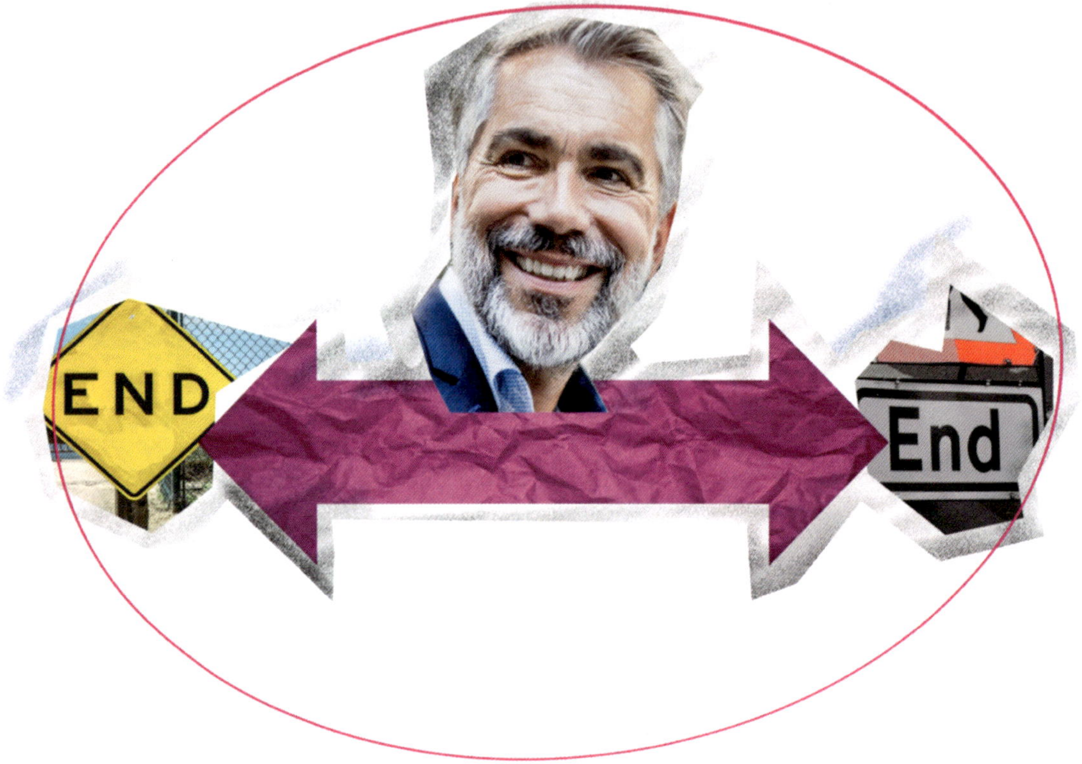

Fähigkeitenbasierte Organisationen

Bisher ist die Ressourcenplanung nach klassischen Rollen- und Jobprofilen organisiert worden. Aufgaben und Fähigkeiten wurden dabei in ein striktes, klares Profil verdichtet. Mitarbeiter identifizierten sich stark mit ihren Rollen und Profilen und definierten sich mitunter über ihre Jobtitel: Man war Marketer, Produktmanagerin oder Verkaufsleiter. Die sich schnell verändernden Arbeitswelten, die immer neuen Herausforderungen und die dadurch wechselnden Horizonte verlangen nun jedoch nach einem Paradigmenwechsel. Adaptiv eingesetzte Fähigkeiten und kontextuell ausgerichtete Entscheidungen gewinnen immer mehr an Bedeutung. Mitarbeiterinnen reagieren immer situativer auf Herausforderungen und erledigen Aufgaben in Echtzeit – gänzlich unabhängig von ihrem Aufgabenprofil. Die fixen Identifikationsraster schwinden zugunsten einer schnell handlungsfähigen agilen Mitarbeiterschaft, die in der Lage ist, sich je nach Marktanforderung schnell anzupassen und neu zu formieren.

Eine fähigkeitenbasierte Organisation schließt in unserem Verständnis eine umfassende Anzahl an Attributen ein, die einem Mitarbeiter in Hinblick auf seinen Einsatz im Team zugesprochen werden können. Neben klassischen Attributen wie Fähigkeiten, Interessen und Kompetenzen sehen wir die Haltung, mit der eine Mitarbeiterin ihre Arbeit betrachtet, dabei als einen zentralen Bestandteil einer erfolgreichen Team-Zusammenstellung

Eine fähigkeitenbasierte Organisation wird damit auch zu einem neuen Glaubensansatz für ein Unternehmen: Zeichneten sich Teams vormals dadurch aus, dass sie unter der Prämisse der funktionalen Expertise organisiert und durch ähnliche Jobprofile gekennzeichnet waren, bestimmt nun der Glaube an „gegenseitigen Ergänzung“ im Sinne der zu erledigenden Aufgabe oder Zielvorgabe das Handeln und Tun.

Zweck

Unternehmen sind auf ein Ziel ausgerichtet: mit ihrem Angebot Kunden gewinnen und Gewinn erzielen. Aber dieses Ziel allein reicht nicht, um Motivation und Leidenschaft der Mitarbeiterinnen dauerhaft hoch zu halten. Je stärker Unternehmen auf einen Sinn orientiert sind, der über Umsatz und Ertrag hinaus geht, desto besser gelingt ihnen das. Dieser Sinn und Zweck wird auch im Wirtschaftsdeutsch häufig Purpose genannt.

Am Zweck ausgerichtete Organisationen – „*Purpose Driven Organisations*" – zeichnen sich dadurch aus, dass sie „Leitplanken für Selbstorganisation und Autonomie" schaffen (Fink & Moeller, 2018). Sie verlangen von den Mitarbeiterinnen viel „Entwicklungsbereitschaft und Selbständigkeit", bieten dafür aber „Sinn und Autonomie“ (ebd.). Gerade diese zwei Prinzipien ermöglichen eine Kultur von hochperformanten Teams und intrinsisch motivierten Mitarbeiterinnen (Doshi & McGregor, 2015).

FLEAT und die Einteilung in eigenständige Geschäftseinheiten ermöglicht zusätzlich die Aufschlüsselung des Unternehmenspurpose in noch greifbarere zweckorientierte *Missionen*. Die Sinnhaftigkeit des Unternehmens und einzelner *Missionen* war noch nie so klar zugänglich wie jetzt.

Fink & Moeller (2018) betonen, dass der Sinn und Zweck in solchen Organisationen die „dominante Entscheidungsprämisse“ ist; umso wichtiger wird der sogenannte „Purpose Fit“. Die Menschen in den Organisationen müssen Anschluss an den Sinn finden, den das Unternehmen verfolgt. Je größer die Übereinstimmung von individuellem und organisationalem Sinn, desto größer die Bereitschaft der Menschen, sich auf Selbstorganisation und Autonomie, sowie auf Selbstmanagement und Freiheit einzulassen.

Fuel Your Passion

Mutkultur

Während heutzutage weitläufig über Fehlerkulturen, Kulturen des Scheiterns oder ähnliches gesprochen wird, glauben wir daran, dass Organisationen ihren Fokus darauf richten sollten, eine Mutkultur zu etablieren.

Die Gedanken hinter Formaten wie „Fuck up Nights“ oder „Fail of the week“ sind gut: Mitarbeiterinnen sollen keine Angst vor Fehlern oder vor dem Scheitern haben müssen. Das hemmt Innovationskraft und Kreativität. Mitarbeiter sollen aus Fehlern lernen – lieber schnell als langsam. Sie sollen aber auch nicht erwarten, für Fehler beklatscht zu werden. Das Ganze soll in der Kultur des Unternehmens verankert werden, damit Kreativität und Motivation frei fließen können. Genau deshalb sprechen wir von einer Mutkultur. Mitarbeiterinnen in Unternehmen müssen ermutigt werden, etwas Neues auszuprobieren, eine vermeintlich verrückte Idee in die Tat umzusetzen oder ein gewagtes Projekt anzustoßen.

Eine Mutkultur beruht auf fünf Säulen:

1. Visionen

In Zeiten von Unsicherheit und schnellen Veränderungen nimmt die Risikofreude von Menschen stark ab und die Angst vor Fehlern tendenziell zu. Wenn wir nur auf die gegenwärtigen Probleme schauen und überlegen, was der nächste beste Schritt sein könnte, entstehen ziemlich sicher keine innovativen Ideen. Wenn wir uns aber vorstellen, was möglich wäre, setzt das ungeahnte Kräfte frei. Das macht Mitarbeiterinnen mutig und motiviert sie, Verantwortung zu übernehmen.

2. Inspiration und Kontext

Mitarbeiter sollten immer wieder das „Warum und Wozu“ ihrer Arbeit erkennen. Führungskräfte, die nicht inspirieren, Unternehmenswerte nicht vorleben und die Arbeit jeder Einzelnen nicht in Verbindung zur Strategie des Unternehmens bringen, fördern keine Kultur des mutigen Ausprobierens.

3. Neugierde

Neugierige Führungskräfte sind besser als clevere. Gute Führungskräfte sind bereit, andere Standpunkte einzunehmen und andere Sichtweisen zu übernehmen, wenn diese besser passen. Sie lassen Mitarbeiterinnen in Führung gehen, ohne Rücksicht auf formale Positionen. Wir haben das unter dem Motto „Machen Sie ihre Führungskräfte zu noch besseren Folgenden“ manifestiert.

4. Sicherheit

Nur in einer geschützten, psychologisch sicheren Arbeitsumgebung können Menschen ihr ganzes Potenzial entfalten. Wir sind überzeugt: Menschen wollen erfolgreich arbeiten, sich einbringen und gestalten. Sie brauchen dafür aber einen Rahmen, in dem sie das auch tun können oder dürfen.

5. Feedback

Eine Mutkultur zeichnet sich dadurch aus, dass Menschen offen und ehrlich miteinander umgehen. Sie fragen nach Feedback und geben Rückmeldung, um mit den Peers und den Vorgesetzten offen über Erfahrungen, Befürchtungen, Erfolge und Herausforderungen zu sprechen – und nicht um Fehler zu feiern. Die Fähigkeit zur (Selbst-)Reflexion ist der beste Weg, sich weiterzuentwickeln und den Mut aufzubringen weiterzugehen, auch wenn es schwierig wird (vgl. Mülhaupt, 2019).

Autonomie

FLEAT funktioniert nach dem Prinzip **„Autonomie ist wichtiger als Synergie"**: Neu entstehende *Missionen* müssen sich nicht zwingend nach den Vorgaben der Bestandsorganisation richten. Denn häufig sind es eben diese Vorgaben, die völlig andere neuartige Geschäftsmodelle, Prozesse oder Innovationen etc. verhindern. Autonomie heißt aber nicht, dass *Missionen* keinen Zugriff auf Services, Infrastruktur o. ä. der Bestandsorganisation haben, wenn sie diese benötigen. Die Autonomie der *Missionen* macht die Organisation insgesamt wendiger und adaptiver. Aktuelle Beispiele wie der chinesische Konzern Haier oder historische Ereignisse wie die Schlacht von Nelsons Flotte bieten hier Erfolgsgeschichten. [siehe Kapitel „Nelsons Flotte"]

Die Autonomie steigert die Effektivität der Mannschaften auf ihren *Missionen*. Autonomie bedeutet aber nicht, dass die einzelnen *Missionen* vollkommen abgekapselt voneinander agieren. Der regelmäßige Austausch zwischen den verschiedenen *Missions*führungen und auch der *Mannschaften* ist fester Bestandteil von FLEAT. Natürlich ist es zudem sinnvoll, dass die *Missionen* dort, wo es möglich ist, zusammenarbeiten, um Synergien zu nutzen. Nur: Mögliche Synergien dürfen das Fortkommen der einzelnen *Missionen* nicht behindern. Ein *Boot* wartet nicht tagelang auf das nächste, sondern macht solange allein weiter, bis das andere so weit kommt, dass Synergien möglich werden

Zusammenspiel

Je mehr wir uns mit unseren Überzeugungen auseinandergesetzt haben, desto deutlicher wurde das tiefe Zusammenspiel der einzelnen Aspekte. Eine konsequente Ende-zu-Ende-Verantwortung befähigt nicht nur das interne Unternehmertum und bietet wirtschaftliche Sicherheit. Wird die strategische Unternehmenskommunikation auf Transparenz und Visionen gebaut, so entsteht zusätzlich eine starke Sinnorientierung – sowohl für das Unternehmen als auch für die Mitarbeiterinnen, die in einem gemeinsamen Sinn resultieren. Diese psychologische Sicherheit unterstützt die Mitarbeiter, sich fähigkeitenbasiert, beitragsorientiert und fokussiert zu entfalten und weiterzuentwickeln – die Lernpyramide wird auf den Kopf gestellt (vgl. Thieme-Wagner, 2019). Das Unternehmertum erfährt einen Aufschwung.

Rechtlicher Rahmen

Die Neuaufstellung des Unternehmens mit FLEAT geschieht im Einklang mit rechtlichen Vorgaben. Viele Veränderungen, die mit FLEAT einhergehen, sind über das Direktionsrecht machbar, aber jede Transformation berührt auch kollektiv- und individualrechtliche Ansprüche. Organisationen müssen daher zahlreiche Gesetze beachten, die bei der neuen Ausrichtung auf Missionen eine Rolle spielen (können).

Ziel von FLEAT ist es, die Mitarbeiterinnen mit den richtigen Fähigkeiten am richtigen Ort einzusetzen. Am besten wäre dafür ein offener unternehmensinterner Bewerbungs- und Besetzungsprozess. Hier kommen aber, wo vorhanden, zwingend die Organe der betrieblichen Mitbestimmung mit ins Spiel.

Prinzipiell gibt es unterschiedliche Wege, einzelne Mitarbeiter auf neue Positionen zu bekommen (Reinhard & Grützner, 2018):

- Zuweisung der neuen Stelle durch einseitige Versetzungen und/oder Änderungskündigungen;
- einvernehmliche Festlegung der neuen vorgegebenen Stelle
- Besetzung der neuen Stellen über Bewerbungsverfahren

Generell gilt, dass Umsetzungen auf Stellen, die inhaltlich zwar anders ausgerichtet sind als die bisherigen Aufgaben, aber den Kern der Tätigkeit nicht verändern, relativ problemlos möglich sind. Sie können vom Direktionsrecht des Arbeitgebers gedeckt sein. Eventuell bedarf es der Zustimmung der Mitbestimmungsorgane zur Versetzung.

Es ist immer möglich, dass der Arbeitnehmer einvernehmlich auf die neue Stelle wechselt. Dabei gilt das Prinzip der Freiwilligkeit. Freiwillig heißt hier aber tatsächlich freiwillig – irgendwie gearteter Zwang darf nicht ausgeübt werden.

Wesentlich komplizierter sind Umsetzungen auf Stellen, die den Kern der Tätigkeit so weit verändern, dass es sich eigentlich um eine völlig neue Aufgabe handelt. „Die Besetzung von Stellen mit weitgehenderen (sic) Veränderungen ist komplex, liegt ihnen juristisch häufig eine Stellenstreichung und -neuschaffung zugrunde. Hier wären die Grundsätze der Sozialauswahl zu beachten (Hoffmann-Remy, 2018)." Mit anderen Worten: Bestehende Stellen werden abgebaut, um neue aufzubauen. Dann stellt sich die Frage, ob Kündigungen rechtlich überhaupt möglich sind. Wenn ja, greift hier das Kündigungsschutzgesetz: Die Arbeitgeberin muss bei den zu Kündigenden eine Sozialauswahl treffen. Diese kann aber durchaus dazu führen, dass gerade nicht die Mitarbeiter auf die neuen Stellen kommen, welche die Arbeitgeberin eigentlich dort sehen möchte.

Ein Sonderfall sind vor allem Führungskräfte. Bei ihnen kann der Wechsel in agile Umfelder mit flacher(er) Hierarchie bedeuten, dass tief in ihr „Sozialbild" eingegriffen wird. Das Sozialbild entsteht aus „dem Inhalt der übertragenen Aufgaben, dem Anforderungsprofil der Stelle, der Einordnung des Arbeitsplatzes in der betrieblichen Hierarchie, der Einstufung in eine Entgeltgruppe und insbesondere aus dem Umfang der Vorgesetztenfunktionen und damit aus der Anzahl unterstellter Mitarbeiter" (Reinhard & Grützner, 2018). Verändert die neue Aufgabe/Stelle dieses Sozialbild massiv, ist sie nicht gleichwertig; vor allem dann nicht, wenn sich die Vergütung verringern sollte. In diesem Fall greift das Direktionsrecht nicht. Ein solcher Wechsel bedingt einen Änderungsvertrag, eine Änderungskündigung oder, falls die Führungskraft nicht mitgeht, einen Aufhebungsvertrag.

Neben diesen individualrechtlichen Fragen gelten natürlich auch in neuen Organisationen und *Missionen* das Arbeitszeitgesetz sowie alle anderen rechtlichen Rahmenbedingungen. Arbeitnehmervertretungen könnten, selbst wenn sie wollten, einer verlängerten Arbeitszeit über das gesetzliche Maß hinaus zum Beispiel nicht zustimmen – etwa, um die *Startbahn* für das *Floß* zu bauen.

Bleiben die neuen Einheiten rechtlich Teil des Unternehmens, gelten zudem alle Betriebsvereinbarungen etc. auch für die Mitarbeiterinnen in diesen neuen Einheiten. Sie können nicht, etwa auf Basis eines Konsenses aller Betroffenen, umgangen werden.

Bereit zum Sprung?

FLEAT erfordert gar nicht so viel Mut.

- *Träume & Albträume* kommunizieren.
- Zum Starten von *Flößen* aufrufen.
- Startkapital in vernünftigem Rahmen zur Verfügung stellen.
- Unterstützung für erste *Flöß*e vorbereiten.
- Die Einführung von FLEAT auch als *Floß* begreifen.
- An das Manifest von FLEAT halten.

Sie gefährden nicht Ihr bestehendes Geschäft. Sie führen keine breite Reorganisation durch. Sie verwetten nicht die Zukunft Ihres Unternehmens. Sie starten lediglich mit ein paar *Flößen*. Mit jedem Erfolg und Misserfolg lernt die Organisation. Ihr Unternehmen wandelt sich flüssig zu einer agilen Flotte.

Alles zu langsam?

Ihnen geht das alles zu langsam? Sie haben nicht die Zeit zu warten, bis sich ihr Unternehmen organisch in eine agile Flotte verwandelt?

Kein Problem. Seien Sie richtig mutig und verwenden Sie den Großteil ihres Investitionsbudgets für FLEAT-Investitionen. Erwarten Sie die „J"-Kurve massiver Veränderung. „Es muss erst schlechter werden, bevor es besser wird."

Wenn Sie es ernst meinen, kommt Ihre Organisation schneller zu FLEAT, als Sie es erhoffen.

Irgendwo dazwischen?

Sie haben es in der Hand. FLEAT hat einen einfachen Regler: Wieviel Geld stellen Sie für FLEAT-Investitionen zur Verfügung?

FLEAT ist keine Raketenwissenschaft. FLEAT startet mit ein paar inspirierten Menschen und etwas Holz.

Anhang

Glossar

Boot	Sammelbegriff für unterschiedliche Arten von Organisationseinheiten die eine *Flotte* ausmachen. *Boote* oder *Schiffe* ordnen sich einer Phase zu, haben eine *Mission* und werden von *Kapitän* und *Mannschaft* verantwortet. [siehe Kapitel „Flottensteuerung"]
Dampfschiff	Diese Organisationseinheiten stehen unter Dampf und nehmen Fahrt auf. Diese Phase steht im Zeichen rasanten Wachstums. *Dampfschiffe* verfügen über einen wachsenden Kundenstamm, steigenden Umsatz und etablieren klare, interne Strukturen. [siehe Kapitel „Dampfschiff"]
Floß	Diese Organisationseinheiten lernen durch zahlreiche Experimente in neue Gewässer vorzudringen. Diese Phase dient der Lernerfahrung am Markt. Es wird noch keine Rendite erzielt, Testkunden rekruiteren sich aus dem unmittelbaren Netzwerk, jeder im Team übernimmt anstehende Aufgaben. [siehe Kapitel „Floß"]
Flotte	Sammlung an autonomen Organisationseinheiten eines Unternehmens, die unter einer Flagge operieren. Die *Flotte* orientiert sich an einem gemeinsamen Rahmen, der durch den strategischen Handlungsrahmen des Unternehmens definiert wird. [siehe Kapitel „Flottensteuerung"]

Flottenführung	Sponsoren und Investoren, die den strategischen Rahmen der Flotte vorgeben und Budgets bereitstellen. [siehe Kapitel „Flottensteuerung"]
Kapitänin	Hat das Kommando über den jeweiligen *Bootstyp*. Ist immer verantwortlich von Anfang bis Ende, auch für Gewinn und Verlust und gestaltet (gemeinsam im Team) das passende Betriebssystem für ihre *Mission*. [siehe Kapitel „Was ist FLEAT?"]
Kreuzfahrtschiff	Diese Organisationseinheiten sind die Flaggschiffe der Flotte. Sie bewegen sich größtenteils in etablierten Märkten, haben stabiles Wachstum, ordentliche Rendite und klare, interne Strukturen. [siehe Kapitel „Kreuzfahrtschiff"]
Mannschaft	Ist genau einer *Mission* zugeordnet und stellt dieser Fähigkeiten und Kenntnisse zur Verfügung. Das Team übernimmt Verantwortung von Anfang bis Ende des Lebenszyklus. Wechsel innerhalb der *Mannschaft* folgen den maritimen Geboten. [siehe Kapitel „Manifest: Werte und Regeln"]
Mission	Eine *Mission* beschreibt die sinn-orientierte Reise über alle *Bootstypen* hinweg. Ein *Floß* ist auf einer *Mission*. Ist es zu einem *Dampfschiff* herangewachsen, hat sich nur der Reifegrad, nicht aber die *Mission* geändert. [siehe Kapitel „Träume & Albträume"]
Missionsführung	Äquivalent zur *Kapitänin*.

Ruderboot	Diese Organisationseinheiten steuern zielorientiert auf den Erfolg zu. Sie arbeiten fokussiert an der Erstversion Ihrer Lösung, nur wenige Fokuskunden repräsentieren den Markt. [siehe Kapitel „Ruderboot"]
Schiffe	Siehe Boote.
Schleuse, Schleusentor	An den *Schleusen* werden *Boote* aus dem Wasser gehoben, geprüft, umgebaut und dann wieder neu zu Wasser gelassen. *Schleusen* gewährleisten die Sicherheit von *Mannschaft* und *Flotte*. Nur wer die Voraussetzungen für die nächste Phase erfüllt, darf passieren. Willkür wird durch gemeinsam definierte Kriterien ersetzt. [siehe Kapitel „Was ist FLEAT?"]
Startbahn	Die *Startbahn* ist der Beginn der Wildwasserfahrt. Mitarbeiter können ihre Idee entwickeln und erhalten dafür eine Startfinanzierung. Die *Startbahn* ist damit vor allem ein Instrument zur Förderung der Ideen- und Innovationskultur im Unternehmen. [siehe Kapitel „Startbahn"]
Träume & Albträume	Wer eine *Flotte* führen möchte, muss ihr ein Ziel geben. Die zentrale Aufgabe strategischer Führung ist es eine Vision zu entwickeln und zu kommunizieren. *Träume*, aber auch *Albträume*, fördern verborgenes Wissen und Potenziale zutage. [siehe Kapitel „Träume & Albträume"]

Quellenverzeichnis

Clayton M. Christensen, 1997: *The Innovator's Dilemma*, Harvard Business School Press

Commissioners for executing the office of Lord High Admiral of Great Britain, 1768, *Secret Instructions to Captain Cook, 30 June 1768*, Transcript, National Archives of Australia

Aaron Dignan, 2019: *Brave New Work*, Portfolio

Neel Doshi & Lindsay McGregor, 2015,: *Primed to Perfom. How to create highest perfoiming cultures through the science of total motivation*, HarperCollins Publishers

Ernst Fehr, 2019: *#Experimentability ist die Grundlage für digitalen Erfolg*, https://fehradvice.com/experimentability/

Franziska Fink & Michael Moeller, 2018: *Purpose Driven Organizations: Sinn – Selbstorganisation – Agilität*, Schäffer-Poeschel

Sumantra Ghoshal & Heike Bruch, 2003: *Unleashing Organizational Energy*, MIT Sloan https://sloanreview.mit.edu/article/unleashing-organizational-energy/

Till Hoffmann-Remy, 2018: Agile Transformation von Unternehmen – Arbeitsrechtliche Best Practice (Teil 5), https://www.arbeitsrecht-weltweit.de/2018/08/06/agile-transformation-von-unternehmen-arbeitsrechtliche-best-practice-teil-5/

Peter T. Leeson, 2007: An-arrgh-chy: The Law and Economics of Pirate Organization, *Journal of Political Economy*, http://www.peterleeson.com/An-arrgh-chy.pdf

Michael Mankins, Karen Harris & David Harding, 2017: *Strategy in the Age of Superabundant Capital*, Harvard Business Review: March-April 2017, https://hbr.org/2017/03/strategy-in-the-age-of-superabundant-capital

Everett Marshall, 2013: *Die Geschichte des Untergangs der RMS Titanic*, Edition Monsenstein und Vannerdat

Hermann Melville, 1851: *Moby Dick*, Harper & Brothers

Geoffrey A. Moore, 2014: *Crossing the Chasm*, Collins Business Essentials

Lena Mülhaupt, 2018: *Schluss mit der Fehler-Kultur. Wir brauchen eine Mut-Kultur!*, https://newmanagement.haufe.de/leadership/wir-brauchen-keine-fehler-kultur

Elon Musk, 2017: *Making Humans a Multi-Planetary Species*, New Space 5(2) http://doi.org/10.1089/space.2017.29009.emu

Barbara Reinhard, Lars Grützner, 2018: Rechtliche Möglichkeiten beim Übergang in die agile Welt, https://www.haufe.de/personal/arbeitsrecht/vertragliche-huerden-der-agilen-welt_76_478278.html

Herbert A. Simon, 1969: *The Sciences of the Artificial*, MIT Press

Oliver Smith, 2019: Exclusive: Snoop Dogg Invests In Klarna, Sweden's $2.5 Billion Unicorn, *Forbes Magazine*, https://www.forbes.com/sites/oliversmith/2019/01/17/exclusive-snoop-dogg-invests-in-swedens-25-billion-unicorn-klarna/#36fb636546d1

Manfred Spitzer, 2011: Die Dunbar-Zahl. Zur Größe von Gehirnen und Freundeskreisen, *Nervenheilkunde*. 30(09): 713-717

Florian Stark, 2018: Mit diesem Trick schlug Nelson die Flotte Napoleons, *Die Welt*, https://www.welt.de/geschichte/article172276554/Schlacht-von-Trafalgar-Mit-diesem-Trick-schlug-Nelson-die-Flotte-Napoleons.html

B. J. Stubbs, 2003: Captain Cook's Beer; the anti-scorbutic effects of malt and beer in late 18th century sea voyages, *Asia and Pacific Journal of Clinical Nutrition*. 12 (2): 129–37

Kathrin Thieme-Wagner, 2019: *Wir müssen die Personalentwicklung auf den Kopf stellen*, New Management, https://newmanagement.haufe.de/skills/new-learning-lernpyramide-auf-den-kopf-stellen

Jann M. Witt, 2005: *Horatio Nelson: Triumph und Tragik eines Seehelden*, Koehler